U0275083

计算机技术
开发与应用丛书

# Go语言零基础入门

## 微课视频版

郭志勇 ◎ 著

清华大学出版社
北京

## 内 容 简 介

本书以 Go 语言为主线，内容循序渐进，采用先实践再理论的学习模式，引导读者渐进式地学习 Go 语言的相关知识。

本书共 19 章，第 1 章从编程语言的前世今生开始，系统性地讲解编程语言的时间线及 Go 语言的诞生历史。第 2 章环境搭建详细讲解了不同的操作系统搭建 Go 语言开发环境的过程。第 3～19 章是 Go 语言最核心的部分，内容按照从实践到原理循序渐进的过程设计。本书示例代码丰富，实际性和系统性较强，并配有视频讲解，助力读者透彻理解书中的重点、难点。

本书适合初学者入门，精心设计的案例对于工作多年的开发者也有一定的参考价值，并可作为高等院校和培训机构相关专业的教学参考书。

**图书在版编目（CIP）数据**

Go 语言零基础入门：微课视频版 / 郭志勇著. -- 北京：清华大学出版社，2025. 2. --（计算机技术开发与应用丛书）. -- ISBN 978-7-302-68418-3

Ⅰ. TP312

中国国家版本馆 CIP 数据核字第 2025W0V851 号

责任编辑：赵佳霓
封面设计：吴　刚
责任校对：郝美丽
责任印制：曹婉颖

出版发行：清华大学出版社
　　　网　　　址：https://www.tup.com.cn，https://www.wqxuetang.com
　　　地　　　址：北京清华大学学研大厦 A 座　　　　　　邮　　编：100084
　　　社 总 机：010-83470000　　　　　　　　　　　　邮　　购：010-62786544
　　　投稿与读者服务：010-62776969，c-service@tup.tsinghua.edu.cn
　　　质量反馈：010-62772015，zhiliang@tup.tsinghua.edu.cn
　　　课件下载：https://www.tup.com.cn，010-83470236
印 装 者：三河市天利华印刷装订有限公司
经　　销：全国新华书店
开　　本：186mm×240mm　　　　　印　　张：21.25　　　　字　　数：478 千字
版　　次：2025 年 4 月第 1 版　　　　　　　　　　　　印　　次：2025 年 4 月第 1 次印刷
印　　数：1～1500
定　　价：89.00 元

产品编号：107923-01

# 前 言
## PREFACE

笔者从业互联网行业多年，在工作中使用了多种后端编程语言，如 Python、Node. js、Java 等。最后经过朋友的推荐，了解到了 Go 编程语言，笔者立刻被 Go 语言简洁易学的语法加上天生的高并发支持，以及便捷的部署方式所吸引。笔者在多年的开发历程中使用 Go 作为后端编程语言，上线了大量的全栈项目及课程，帮助了上万人入门了 Go 语言开发，也为 Go 语言的生态建设做出了很多个人贡献，所以笔者打算通过编写书籍的形式，将 Go 语言的完整学习历程整理并分享给读者。

本书以 Go 语言基础语法为核心，读者可以通过阅读本书，快速地掌握 Go 这门编程语言，并且帮助读者在学习的过程中少走弯路。

## 本书主要内容

第 1 章主要介绍编程语言的发展史，让读者对现如今的编程语言有一个初步的认识，以及了解 Go 语言诞生的历史。

第 2 章主要介绍 Go 语言的环境搭建，都说"工欲善其事，必先利其器"，有一个好用的环境在往后的学习过程中是非常重要的。

第 3～16 章主要介绍 Go 语言的基础语法，其中详细地讲解了数据类型、运算符、流程控制、函数、接口、文件操作、泛型、反射、网络编程等核心知识。

第 17 章主要介绍 Go 语言如何进行部署，这是 Go 语言的一大优势，这也是笔者爱上 Go 语言的一大原因。

第 18 章介绍生活中经常用到的正则表达式，学会了正则表达式，处理日常数据也会更加得心应手。

第 19 章介绍标准库和常用第三方库，使用这些库可以更好地帮助我们站在前人的肩膀上进行功能开发。

## 阅读建议

本书是一本基础入门、项目实战及原理剖析三位一体的技术教程，既提供详细的基础知识介绍，又提供了丰富的实际项目开发案例，包括详细的项目开发步骤，每个代码片段都有详细的注释标注和对应的操作说明。本书的基础知识、项目实战及原理剖析部分均提供了完整可运行的代码示例,帮助读者更好地自学全方位的技术体系。

建议没有 Go 语言实际开发经验的读者从头开始按照顺序详细阅读本书。章节划分完全按照线性思维,由浅入深,由远及近的方式对 Go 语言进行介绍,严格按照顺序阅读可以帮助读者不会出现知识断层。

## 资源下载提示

素材(源码)等资源:扫描目录上方的二维码下载。

视频等资源:扫描封底的文泉云盘防盗码,再扫描书中相应章节的二维码,可以在线学习。

## 致谢

感谢那些喜欢 Go 语言的网友对笔者的支持;感谢清华大学出版社赵佳霓编辑;感谢我的家人;还要感谢我的朋友胡老师,他不仅是我进入 IT 行业的领路人,而且在我工作期间对我提供了很多帮助。

由于时间仓促,笔者水平有限,书中难免存在不妥之处,请读者见谅,并提宝贵意见。

郭志勇

2025 年 1 月

# 目 录
## CONTENTS

教学课件（PPT）

本书源码

# 第1章

CHAPTER 1

# 编程的前世今生

## 1.1 编程语言发展史

编程一词,最早可以追溯到我国东汉时期,那时人们为了在衣服上设计出绚丽多彩的图案,研制出了花本提花机。织布工人提前将织布图案精心编织设计在花本上,这个编织花本的过程就可以看作现在程序员的编程,织布线可以看作现在的编程语言,花本就是对应编程出来的程序,织布工人可以看作现在的程序员。东汉时期的花本提花机如图 1-1 所示。

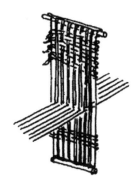

图 1-1　东汉时期的花本提花机

1679 年,德国数学家莱布尼茨(Gottfried Leibniz)发明了二进制,并对其进行了系统性深入研究,完善了二进制。莱布尼茨是最早接触中华文化的欧洲人之一,曾经从一些前往中国传教的教士那里接触到中国文化。

法国汉学大师若阿基姆·布韦(Joachim Bouvet,汉名白晋,1662—1732)向莱布尼茨介绍了《周易》和《八卦》。在莱布尼茨眼中,"阴"与"阳"基本上就是他的二进制的中国版。他曾断言:"二进制乃是具有世界普遍性的、最完美的逻辑语言"。如今在德国图林根,著名的郭塔王宫图书馆(Schlossbibliothek zu Gotha)内仍保存一份莱布尼茨的手稿,标题写着"1与 0,一切数字的神奇渊源",如图 1-2 所示。

　　最早出现的编程语言是机器语言,它非常简单,有多简单呢? 简单到只用"1"和"0"两个数字就可以进行编程。最初的电子计算机如图1-3所示。

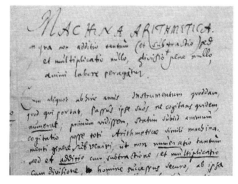

图 1-2　莱布尼茨手稿　　　　　　　　图 1-3　最初的电子计算机

　　程序员将用数字0和1编成的程序代码打在纸带或卡片上,1打孔,0不打孔,再将程序通过纸带机或卡片机输入计算机,计算机将其转换为一列高低电平,以使计算机的电子器受到驱动,进行运算。0和1就此成了电子计算机可以识别的语言,叫作机器语言。

　　程序员需要耗费很多时间把手写的数学表达式翻译成计算机可以执行的机器语言,写在卡片机上,可以看出这是一个耗时而且容易出错的过程。

　　为了优化这个容易出错的过程,后来就有人想把这个只有机器能读懂的机器语言抽象出来,使其成为一个代理层,让人类也能以读懂的方式输入转换成计算机可以读懂的程序,这个代理层程序就是汇编器,如图1-4所示。

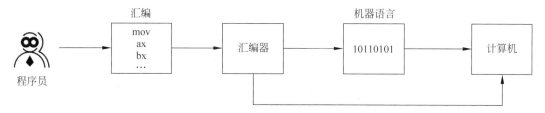

图 1-4　汇编语言编程逻辑

　　汇编器已经比手写计算机指令要好太多了,但是还有两个问题,第一个问题程序员想像写数学公式一样写程序,让写程序更简单,像这样 int x,x＝1＋1;第二个问题汇编器和计算机CPU是绑定的,不同型号或者品牌计算机之间程序是不通的,换一种CPU后程序就要重写。为了解决以上两个问题,发明了以C语言为代表的高级语言。

　　C语言的发明和很多伟大的发明一样,都是一个人或者几个人闲着没事偶然间发明的。据说当时有一个年轻人希望能够在一台上机费更便宜的计算机上愉快地进行两人对战游戏,但不幸的是,这台机器上原有的操作系统只能支持一个人在线游戏,于是这位热爱游戏的年轻人不得不重新为这台机器编写一个新的操作系统,可以支持多用户,这样大家就可以一起同时在线玩这个游戏了,而在编写这个操作系统的过程中,他对B语言进行了升级,于是 C 语言就诞生了。

这个发明 C 语言的年轻人叫丹尼斯·里奇（Dennis M. Ritchie），如图 1-5 所示。C 语言派生自 BCPL 语言，并且 C 语言对 BCPL 语言有了长足的扩展。因为 BCPL 简称为 B 语言，所以 C 语言就采用了字母表中的下一个字母来作为语言的名称。

图 1-5　C 语言创始人——丹尼斯·里奇

21 世纪以来，随着云计算、物联网、大数据等领域的迅猛发展，对编程语言的需求也在不断增加。现代编程语言对安全性、高性能、可扩展性等方面提出了更高的要求。很多新的编程语言也在不断涌现，如 Python、Swift、Kotlin、Go 等。这些语言更注重易学易用、代码简洁、性能高效等特点。

## 1.2　编程语言时间轴

编程语言的发展到如今不到百年时间，但是在这段时间编程语言如雨后春笋般不断涌现，新的设计理念和设计思想不断碰撞，犹如中国两千多年前的百家争鸣时代。

### 1. 20 世纪 40 年代以前——机器语言时代

机器语言是第一代计算机语言，可以处理二进制，而二进制才是处理器的"母语"，这叫作机器语言或者机器码。

在计算机早期阶段，必须使用机器码来写程序，具体过程如下：

（1）在纸上用英文写一个高层次版本，这种对程序的高层次描述，叫作伪代码。

（2）用操作码表将伪代码转换成计算机可以理解的二进制的机器码。

（3）翻译完成后，就可以把生成的这些机器码输入计算机运行。

如下是典型的机器语言代码：

```
0100100001100101011010100110101001101111001011000010000001010111011011110110010011010
100110010000100001
```

在这个过程中程序员需要知道所有的机器指令，并且只有记住所有机器指令对应的二进制代码，才能设计好程序，这对当时的程序员十分不友好，并且这个过程是很烦琐的，而且每条机器语言指令只能执行一个非常小的任务，要想执行一个大的任务，代码量是无法想象的。

早期的程序设计均使用机器语言，程序员将用数字 0、1 编成的程序代码打在纸带或卡片上，1 打孔，0 不打孔，再将程序通过纸带机或卡片机输入计算机进行运算，如图 1-6 所示。

下面是机器语言指令的部分举例：

图 1-6　早期的穿孔纸带机

```
//指令部分范例
0000                              //代表加载(LOAD)
0001                              //代表存储(SET)
...
//暂存器部分范例
0000                              //代表暂存器 A
0001                              //代表暂存器 B
...
//内存部分范例
000000000000                      //代表位址为 0 的内存
000000000001                      //代表位址为 1 的内存
000000001000                      //代表位址为 16 的内存
...
//集成范例
0000, 0000, 000000001000          //代表 LOAD A, 16
0000, 0001, 000000000001          //代表 LOAD B, 1
```

### 2. 20 世纪 40—50 年代——汇编语言时代

人们发现靠机器语言实在是太麻烦了,所以在 1940—1950 年间,开发者开发了汇编语言,它使用了大量的助记符来代替二进制指令。

例如用 ADD 表示加、用 SUB 表示减、用 JMP 表示程序跳转等,这种指令助记符号的语言就是汇编语言,又称符号语言,常见汇编指令如下:

```
mov eax, 3                        //将 3 存入 EAX 寄存器(3 是一个立即数)
mov bx, ax                        //将 AX 的值存入 BX 寄存器

//ADD 指令用来对整型数据进行相加
add eax, 4                        //eax = eax + 4
add al, ah                        //al = al + ah

//SUB 指令用来对整型数据进行相减
sub bx, 10                        //bx = bx - 10
sub ebx, edi                      //ebx = ebx - edi
```

```
//INC 和 DEC 指令将值加 1 或减 1。因为 1 是一个暗指的操作数,INC 和 DEC 的机器代码比等价的 ADD
//和 SUB 指令要少
inc ecx                    //ecx++
dec dl                     //dl--
```

例如,计算 A＝15＋10 的汇编语言程序如下:

```
MoV A,15:把 15 放入累加器 A 中
ADD A,10:10 与累加器 A 中的值相加,将结果仍放入 A 中
HLT:结束,停机
```

汇编语言将开发者从那些烦琐晦涩且难记的二进制指令中解脱了出来,在一定程度上解决了机器语言难读难改的缺点。

但是计算机并不认识助记符,它只认识二进制码,所以先辈们开发了"汇编器",用来将文字指令转换成二进制机器码。直到现在,汇编语言仍然在编程语言市场上占有一席之地,只不过这个席越来越小了,例如操作工业机器人、单片机编程和某些计算机病毒的编写等。

该语言还依赖于具体型号的机器,不同的计算机在指令长度、寻址方式、寄存器数目、指令表示等方面都不一样,这样使汇编程序不仅通用性较差,而且可读性也差。

### 3. 20 世纪 50 年代——高级语言的初生

高级语言是被高度封装了的编程语言。它以人类的日常语言为基础,使用一般人易于接受的文字来表示,使程序员编写程序更容易,可读性更高。

当然,由于早期计算机产业的发展主要在美国,因此一般的高级语言以英语为蓝本。

Fortran(1955 年),名称取自 Formula TraNslator(公式翻译器),由美国计算机科学家约翰·巴科斯等人所发明,是世界上第 1 个被正式采用并流传至今的高级编程语言。从 1956 年正式使用,直到如今已有 60 多年历史,并且经久不衰,至今仍是数值计算领域所使用的主要语言。

同期被提出的语言还有以下几种。

(1) LISP,名称取自 List Processor(枚举处理器),由约翰·麦卡锡等人所发明。

(2) COBOL,名称取自 Common Business Oriented Language(通用商业导向语言),由被葛丽丝·霍普深刻影响的 Short Range Committee 所发明。

这三大语言所派生出来的语言直到今日仍旧广泛地被采用。

用人类能够读懂的字符与计算机沟通交流,学习难度大大降低,编程效率大大提高。

### 4. 20 世纪 60—70 年代——高级语言的进一步成熟

接下来自今,就是第 3 代计算机语言——高级编程语言发展成熟的历程了。

1967—1978 年,确立了编程语言的基础范型。大多数现在所使用的主要语言范型是在这个期间发明的。

(1) Simula:于 20 世纪 60 年代晚期由奈加特与达尔发明,同时也是第 1 个设计支持面向对象进行开发的编程语言。

（2）C：于1969至1973年间由贝尔实验室的研究人员丹尼斯·里奇与肯·汤普森所开发，是一种早期的系统程序设计语言。

（3）Smalltalk：于20世纪70年代中期所开发，是一个完全从零开始(ground-up)设计的面向对象编程语言。

（4）Pascal：于1970年提出，是第1个结构化编程语言，具有丰富的数据类型和简介灵活的操作语句，采用子程序、程序码区块、各种循环结构等，代替传统的goto，是高级语言发展历程中的一个重要的里程碑。

（5）Prolog：于1972年由Colmerauer、Roussel和Kowalski所设计，是第1个逻辑程序语言。

（6）ML：于1973年由罗宾·米尔纳所发明，是一个基于Lisp所建构的多态类型系统，同时也是静态类型函数编程语言的先驱。

这些编程语言，各自演变出了自己的家族分支，现今大多数现代编程语言可以追溯它们中的一个或者多个作为祖先。

### 5. 20世纪80年代——各大语言的进一步增强

20世纪80年代，各大始祖级别编程语言开始壮大自身，愈发成熟。同时也提出了很多新的编程语言，举例如下：

（1）C++合并了面向对象及系统程序设计。

（2）美国政府标准化一种名为Ada的系统编程语言并提供给国防承包商使用。

（3）日本及其他地方运用了大量的资金对采用逻辑编程语言结构的第5代语言进行研究。

（4）函数编程语言社区则把焦点转移到标准化ML及Lisp身上。

在这个阶段，语言设计上有个重大的新趋势，也就是研究运用模块或大型组织化的程序单元来进行大型系统的开发，在这个期间被开发出来的编程语言如表1-1所示。

表1-1　20世纪80年代开发出来的编程语言

| 时间/年 | 语　　言 | 时间/年 | 语　　言 |
| --- | --- | --- | --- |
| 1980 | Ada、R | 1986 | Erlang |
| 1983 | C++ | 1987 | Perl |
| 1984 | Common Lisp、MATLAB | 1988 | Tcl |
| 1985 | Eiffel | 1989 | FL(Backus) |

### 6. 20世纪90年代——飞速发展时代

20世纪90年代，整体来讲没有什么大的范式创新，基本是以前构想的组合或者优化。这段时间考虑的主要是如何提升程序员的生产力。这一阶段，许多"快速应用程序开发"(RAD)语言应运而生，这些语言大多有相应的集成开发环境、垃圾回收等机制，并且大多是先前语言的派生语言。这种类型的语言大多是面向对象的编程语言。在这一阶段被开发出来的编程语言如表1-2所示。

表 1-2　20 世纪 90 年代开发出来的编程语言

| 时间/年 | 语　　言 | 时间/年 | 语　　言 |
|---|---|---|---|
| 1990 | Haskell | 1995 | Java、Delphi、JavaScript、PHP |
| 1991 | Python、Visual Basic | 1997 | REBOL |
| 1993 | Ruby | 1999 | D |
| 1994 | CLOS | | |

　　1995 年，Netscape 公司的 Brendan Eich，在 Netscape 导航者浏览器上研发出了
JavaScript。最开始取名 LiveScript，因为 Netscape 与 Sun 公司合作，Netscape 管理层希望
它外观看起来像 Java，因此取名为 JavaScript，但其实 JavaScript 和 Java 一点儿关系也
没有。

**7. 21 世纪——新时代**

　　2000 年，编程语言持续进一步发展，发展趋势也有很多种，例如更重视分布式、高并发
及移动式应用等。

　　这段时间被开发出来的编程语言如表 1-3 所示。

表 1-3　21 世纪开发出来的编程语言

| 时间/年 | 语　　言 | 时间/年 | 语　　言 |
|---|---|---|---|
| 2001 | C♯、.NET | 2007 | Clojure |
| 2002 | F♯ | 2009 | Go |
| 2003 | Scala、Factor | 2011 | Kotlin |
| 2006 | Power Shell | 2014 | Swift |

# 1.3　Go 语言发展史

Go 语言起源于 2007 年，并于 2009 年正式对外发布。

## 1.3.1　Go 语言是如何诞生的

　　Go 语言的创始人有三位，分别是肯·汤普森(Ken Thompson)、罗布·派克(Rob Pike)
和罗伯特·格瑞史莫(Robert Griesemer)，如图 1-7 所示，此处简单地介绍他们的贡献。

　　肯·汤普森：图灵奖得主、UNIX 发明人、B 语言(C 语言前身)作者。1983 年，他与丹
尼斯·里奇(Dennis M. Ritchie)共同获得了图灵奖。2006 年，他进入谷歌公司工作，与其他
人共同设计了 Go 语言。

　　罗布·派克：UNIX 团队和 Plan 9 操作系统计划的成员，曾经参与过贝尔实验室九号
计划、操作系统 Inferno 与编程语言 Limbo 的开发。

　　罗伯特·格瑞史莫：曾协助 Java 的 HotSpot 编译器和 Chrome 浏览器的 JavaScript 引
擎 V8 的制作。

图 1-7　Go 语言创始人(罗布·派克,罗伯特·格瑞史莫,肯·汤普森)

　　他们可能都没有想到,他们三个人在 2007 年 9 月 20 日下午的一次普通讨论,就这么成为计算机编程语言领域的一次著名历史事件,开启了一个新编程语言的历史。

　　那天下午,在谷歌山景城总部的那间办公室里,罗布·派克启动了一个 C++工程的编译构建。按照以往的经验判断,这次构建大约需要一小时。利用这段时间,罗布·派克和罗伯特·格瑞史莫,肯·汤普森坐在一处,交换了关于设计一门新编程语言的想法。

　　之所以有这种想法,是因为当时的谷歌内部主要使用 C++语言构建各种系统,但 C++的巨大复杂性、编译构建速度慢及在编写服务器端程序时对并发支持的不足,让三位创始人觉得十分不便,他们就想着设计一门新的语言。在他们的初步构想中,这门新语言应该是能够给程序员带来快乐、匹配未来硬件发展趋势并适合用来开发谷歌内部大规模网络服务程序的。

　　在第 1 天的简短讨论后,第 2 天这三位创始人又在谷歌总部的雅温得(Yaounde)会议室里具体讨论了这门新语言的设计。会后罗伯特·格瑞史莫发出了一封题为 prog lang discussion 的电子邮件,对这门新编程语言的功能特性做了初步的归纳总结,如图 1-8 所示。

```
Date: Sun, 23 Sep 2007 23:33:41 -0700
From: "Robert Griesemer" <gri@google.com>
To: "Rob 'Commander' Pike" <r@google.com>, ken@google.com
Subject: prog lang discussion
...
*** General:
Starting point: C, fix some obvious flaws, remove crud, add a few missing features
 - no includes, instead: import
 - no macros (do we need something instead?)
 - ideally only one file instead of a .h and .c file, module interface
should be extracted automatically
 - statements: like in C, though should fix 'switch' statement
 - expressions: like in C, though with caveats (do we need ',' expressions?)
 - essentially strongly typed, but probably w/ support for runtime types
 - want arrays with bounds checking on always (except perhaps in 'unsafe mode'-see section on GC)
 - mechanism to hook up GC (I think that most code can live w/ GC, but for a true systems
   programming language there should be mode w/ full control over memory allocation)
 - support for interfaces (differentiate between concrete, or implementation types, and abstract,
   or interface types)
 - support for nested and anonymous functions/closures (don't pay if not used)
 - a simple compiler should be able to generate decent code
 - the various language mechanisms should result in predictable code
...
```

图 1-8　罗伯特·格瑞史莫发出的电子邮件

这封电子邮件对这门新编程语言的功能特性做了归纳总结。主要思路是,在 C 语言的基础上,修正一些明显的缺陷,删除一些被诟病较多的特性,增加一些缺失的功能。

(1)使用 import 替代 include。

(2)去掉宏(macro)。

(3)理想情况是用一个源文件替代.h 和.c 文件,模块的接口应该被自动提取出来(而无须手动在.h 文件中声明)。

(4)语句像 C 语言一样,但需要修正 switch 语句的缺陷。

(5)表达式像 C 语言一样,但有一些注意事项(例如是否需要逗号表达式)。

(6)基本上是强类型的,但可能需要支持运行时类型。

(7)数组应该总是有边界检查。

(8)具备垃圾回收的机制。

(9)支持接口(interface)。

(10)支持嵌套和匿名函数/闭包。

(11)一个简单的编译器。

(12)各种语言机制应该能产生可预测的代码。

这封电子邮件成为这门新语言的第 1 版特性设计稿,三位创始人在这门语言的一些基础语法特性上达成了初步一致。

2007 年 9 月 25 日,罗布·派克在一封回复电子邮件中把这门新编程语言命名为 go,如图 1-9 所示。

```
Subject: Re: prog lang discussion
From: Rob 'Commander' Pike
Date: Tue, Sep 25, 2007 at 3:12 PM
To: Robert Griesemer, Ken Thompson

i had a couple of thoughts on the drive home.

1. name

'go'. you can invent reasons for this name but it has nice properties.
it's short, easy to type. tools: goc, gol, goa. if there's an interactive
debugger/interpreter it could just be called 'go'. the suffix is .go
...
```

**图 1-9　罗布·派克回复邮件**

在罗布·派克的心目中,go 这个单词短小、容易输入并且在组合其他字母后便可以用来命名 Go 相关的工具,例如编译器(goc)、汇编器(goa)、链接器(gol)等(Go 的早期版本曾如此命名 Go 工具链,但后续版本撤销了这种命名方式,仅保留 Go 这一统一的工具链名称)。

这里有个误区,很多 Go 语言初学者经常称这门语言为 Golang,其实这是不对的,Golang 仅应用于命名 Go 语言官方网站,而且当时没有用 go.com 纯粹是这个域名被迪士尼公司占用了而已。

### 1.3.2　Go 语言的早期团队和演进历程

经过早期讨论,Go 语言的三位作者在语言设计上达成初步一致,之后便开启了 Go 语言迭代设计和实现的过程。

2008 年年初,UNIX 之父肯·汤普森实现了第 1 版 Go 编译器,用于验证之前的设计。这个编译器先将 Go 代码转换为 C 代码,再由 C 编译器编译成二进制文件。到 2008 年年中,Go 的第 1 版设计基本结束了。

这时,同样在谷歌工作的 Ian Lance Taylor 为 Go 语言实现了一个 GCC 的前端,这是 Go 语言的第 2 个编译器。Ian Lance Taylor 的这一成果让三位作者十分喜悦,也很震惊。因为这对 Go 项目来讲不仅是鼓励,更是一种对语言可行性的证明。

Go 语言的第 2 个实现对确定语言规范和标准库是至关重要的。随后,Ian Lance Taylor 以第 4 位成员的身份正式加入 Go 语言开发团队,并成为 Go 语言及工具设计和实现的核心人物之一。

Russ Cox 也是在 2008 年加入刚成立不久的 Go 语言开发团队的,他是 Go 核心开发团队的第 5 位成员,他的一些天赋在 Go 语言设计和实现中展现出来。Russ Cox 利用函数类型也可以拥有自己的方法这个特性巧妙地设计出了 http 包的 HandlerFunc 类型,这样通过显式转型即可让一个普通函数成为满足 http.Handler 接口的类型。

Russ Cox 还在当时设计的基础上提出了一些更通用的想法,例如奠定了 Go 语言 I/O 结构模型的 io.Reader 和 io.Writer 接口。

在肯·汤普森和罗布·派克先后淡出 Go 语言核心决策层后,Russ Cox 正式接过两位创始人的衣钵,成为 Go 核心技术团队的负责人。到这里,Go 语言最初的核心团队形成,Go 语言迈上了稳定演化的道路。

### 1.3.3　Go 语言正式发布并开源

2009 年 10 月 30 日,罗布·派克在谷歌 Techtalk 上做了一次有关 Go 语言的演讲 The Go Programming Language,这也是 Go 语言第 1 次公之于众。10 天后,也就是 2009 年 11 月 10 日,谷歌官方宣布 Go 语言项目开源,这一天也被 Go 官方确定为 Go 语言的诞生日。

开源后的 Go 语言吸引了全世界开发者的目光。再加上 Go 的三位作者在业界的影响力及谷歌的加持,越来越多有才华的程序员加入 Go 开发团队,越来越多贡献者开始为 Go 语言项目添砖加瓦。于是,Go 在发布的当年(2009 年)就成为著名编程语言排行榜 TIOBE 的年度最佳编程语言。

在 Go 开源后,一些技术公司,尤其是云计算领域的大厂及初创公司,成为 Go 语言的早期接纳者。经过若干年的磨合,在这些公司中诞生了众多"杀手级"或示范性项目,如容器引擎 Docker、云原生事实标准平台 Kubernetes、服务网格 Istio、区块链公链以太坊(Ethereum)、联盟链超级账本(Hyperledger Fabric)、分布式关系数据库 TiDB 和 CockroachDB、云原生监控系统 Prometheus 等。这些项目也让 Go 被誉为"云计算基础设施编程语言"。Go 在近些年云原生领域的广泛应用也让其跻身云原生时代的头部编程语言。

图 1-10 Go 语言吉祥物

在 Go 语言项目开源后,Go 语言也迎来了自己的"吉祥物",一只由罗布·派克夫人芮妮·弗伦奇(Renee French)设计的地鼠,如图 1-10 所示,从此地鼠(gopher)也就成为世界各地 Go 程序员的象征,Go 程序员也被昵称为 Gopher。

## 1.4 Go 语言特点

Go 语言是一种可以编译高效的支持高并发的面向垃圾回收的跨平台编译型全新语言,它主要有如下优点:

(1) 秒级完成大型程序的单节点编译。

(2) 依赖管理清晰。

(3) 不支持继承,程序员无须花费精力定义不同类型之间的关系。

(4) 支持垃圾回收,支持并发执行,支持多线程通信。

(5) 对多核计算机支持友好。

### 1.4.1 编译型语言和解释型语言

编译型语言主要具有以下特点。

(1) 编译过程:在编译型语言中,源代码在运行之前必须通过编译器转换为机器码或虚拟机字节码。编译过程将整个程序翻译成一个可执行文件,该文件可以在目标计算机上独立运行。

(2) 执行速度:由于编译型语言的代码在运行前经过编译,因此它们通常具有很快的执行速度,因为机器可以直接执行编译后的代码,而无须解释。

(3) 开发迭代:在编译型语言中,如果需要对程序进行更改,则通常需要重新编译整个程序,这可能会导致开发迭代速度较慢。

(4) 示例语言:C、C++、Go、Rust 等。

解释型语言主要具有以下特点。

(1) 解释过程:在解释型语言中,源代码由解释器逐行解释执行,而不是先编译成机器码。解释器读取源代码的一行,执行它,然后读取下一行。

(2) 执行速度:解释型语言通常比编译型语言执行速度较慢,因为代码需要在运行时逐行解释,而不是直接执行编译后的机器码。

(3) 开发迭代:解释型语言通常具有更快的开发迭代速度,因为开发者可以更轻松地修改和测试代码,而无须重新编译整个程序。

（4）示例语言：Python、JavaScript、Ruby、PHP 等。

编译型语言和解释型语言执行代码的过程如图 1-11 所示。

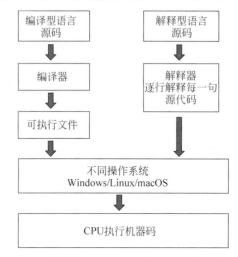

图 1-11　编译型语言和解释型语言执行代码的过程

Go 是一门静态类型语言，这意味着变量的类型在编译时已经确定，开发者需要在声明变量时指定其类型，并且不允许在运行时将不同类型的值直接进行运算。这提供了类型安全性和代码可维护性，可以捕获潜在的类型错误。

Go 是一门编译型语言，它的源代码需要通过编译器转换为机器码或虚拟机字节码，然后才能在目标平台上执行。这使 Go 程序在运行时能够获得较高的性能，因为它不需要在每次运行时解释源代码。

## 1.4.2　Go 语言为并发而生

硬件制造商正在为处理器添加越来越多的内核以提高性能。所有数据中心都在这些处理器上运行，更重要的是，今天的应用程序使用多个微服务来维护数据库连接、消息队列和维护缓存，因此，开发的软件和编程语言应该可以轻松地支持并发性，并且应该能够随着 CPU 核心数量的增加而可扩展。

但是，大多数现代编程语言（如 Java、Python 等）来自 20 世纪 90 年代的单线程环境。虽然一些编程语言的框架在不断地提高多核资源的使用效率，例如 Java 的 Netty 等，但仍然需要开发人员花费大量的时间和精力搞懂这些框架的运行原理后才能熟练地掌握。

Go 于 2009 年发布，当时多核处理器已经上市。Go 语言在多核并发上拥有原生的设计优势，Go 语言从底层原生支持并发，无须第三方库、开发者的编程技巧和开发经验。

很多公司，特别是中国的互联网公司，即将或者已经完成了使用 Go 语言改造旧系统的过程。经过 Go 语言重构的系统能使用更少的硬件资源获得更高的并发和 I/O 吞吐表现。充分挖掘硬件设备的潜力，以便满足当前精细化运营的市场大环境。

Go 语言的并发是基于 goroutine 的, goroutine 类似于线程, 但并非线程。可以将 goroutine 理解为一种虚拟线程。Go 语言运行时会参与调度 goroutine, 并将 goroutine 合理地分配到每个 CPU 中, 最大限度地利用 CPU 性能。开启一个 goroutine 的消耗非常小 (大约 2KB 的内存), 可以轻松地创建数百万个 goroutine。

goroutine 的主要特点如下：

(1) goroutine 具有可增长的分段堆栈。这意味着它们只在需要时才会使用更多内存。

(2) goroutine 的启动速度比线程快。

(3) goroutine 原生支持利用 channel 安全地进行通信。

(4) goroutine 共享数据结构时无须使用互斥锁。

## 1.4.3 Go 语言设计理念

Go 语言的设计目标之一是解决其他编程语言存在的一些问题, 提供更好的解决方案。以下是一些其他编程语言常见的弊端。

(1) 性能问题：一些高级编程语言可能在性能方面受到限制, 因为它们的抽象层次较高, 导致运行时性能不如低级语言。Go 通过编译型语言的特性和并发性能优势来解决这个问题。

(2) 依赖管理：一些编程语言, 尤其是 C 和 C++, 在管理依赖关系和外部库时可能面临复杂性。Go 引入了 Go module 机制, 用来更有效地管理依赖关系, 解决了这个问题。

(3) 笨重：某些编程语言可能过于复杂, 有大量的语法和特性, 这可能使学习和使用变得困难。Go 的设计目标之一是保持简洁和清晰, 降低学习曲线。

(4) 垃圾回收和并行计算：对于一些系统编程语言, 如 C 和 C++, 垃圾回收和并行计算等基础功能可能缺乏内置支持, 需要开发者手动处理。Go 通过内置垃圾回收和 goroutine 等机制来简化这些任务。

(5) 多核支持：在多核计算机上利用所有核心的能力是一项挑战。Go 的 goroutine 和 channel 机制使并发编程变得更加容易, 允许开发者有效地利用多核处理器。

Go 语言的设计者在语言设计之初, 就拒绝了走语言特性融合的道路, 选择了"做减法"并致力于打造一门简单的编程语言。

Go 语言在语法层面上呈现了这样的状态：

(1) 仅有 25 个关键字, 主流编程语言最少。

(2) 内置垃圾收集, 降低开发人员内存管理的负担。

(3) 首字母大小写决定可见性, 无须通过额外关键字修饰。

(4) 变量初始为类型零值, 避免以随机值作为初值的问题。

(5) 内置数组边界检查, 极大地减少了越界访问带来的安全隐患。

(6) 内置并发支持, 简化并发程序设计。

(7) 内置接口类型, 为组合的设计哲学奠定基础。

(8) 原生提供完善的工具链, 开箱即用。

Go 不会像 C++、Java 那样将其他编程语言的新特性兼收并蓄,所以在 Go 语言中看不到传统的面向对象的类、构造函数与继承,看不到结构化的异常处理,也看不到本属于函数编程范式的语法元素。

### 1.4.4 使用 Go 语言的项目

Go 语言在 2009 年首次公开发布后受到越来越多的开发者的关注,Go 语言社区不断壮大,开源项目不断涌现。下面列举使用 Go 语言进行开发的部分项目。

#### 1. Docker 项目

Docker 是一个开源的应用容器引擎,基于 Go 语言开发并遵从 Apache 2.0 协议开源。Docker 可以让开发者将他们的应用和依赖包打包到一个轻量级、可移植的容器中,也可以实现虚拟化,更重要的是容器性能开销极低。

#### 2. Kubernetes 项目

Kubernetes 是自动化容器操作的开源平台,使用 Kubernetes 可以进行自动化容器的部署和复制、随时扩展或收缩容器规模和容器间的负载均衡等。

#### 3. etcd 项目

etcd 是一个高可用的分布式键值存储系统,由 CoreOS 开发。用于共享配置和服务发现的分布式,一致性的键值存储系统。

#### 4. GoZero 项目

go-zero 是一个基于 Go 的微服务框架,它提供了 RPC、API 网关、缓存、限流、熔断等功能特性。与其类似的 go-micro 国内已经停更,go-zero 目前应该是国内社区最活跃最稳定且用得最多的 Go 微服务框架了。

## 1.5 学好 Go 语言的建议

在没有编程基础的情况下,初学者开始学习任何一门编程语言都会比较困难,经常会不知道从哪里开始学起,或即使看懂了,自己也写不出代码,甚至会中途放弃,希望本节内容可以帮助大家更好地去学习 Go。

#### 1. 了解语言特性及自身需求

首先,每种编程语言都有自己的特性及应用场景,正所谓好钢用在刀刃上,不可能用纯 C 语言去写一个内容管理系统,因为没有必要而且极度浪费时间。也不可能用 PHP 语言去开发软件,进行一些相对底层的操作,如写一个驱动安装程序。

其次,需要厘清自身需求,例如业余兴趣研究还是需要用来解决工作中的实际业务问题。如果是后者且已经有一定的编程基础,则在学习时可以有所侧重,选择性地针对会用到的相关包和相关 Go 语言特性进行学习。

### 2．动手写代码

学习编程语言，一开始最重要的就是学习这门语言的语法，语法就如同这门编程语言的词汇表。不断地学习 Go 语法，查阅相关代码，自己动手写每个简短的例子。本书的每个知识点之后都有"动手写"的代码示例，每个例子都是可以真实运行的，动手运行这些例子有助于初学者更好地理解 Go。

经过不断地重复练习，对于很多语法有了一定的认识后，就要开始举一反三，例如第 13 章会讲到使用 Go 写文件，这里就可以举一反三：Go 有几种写文件的方式？这几种写文件的方式的执行结果是什么？如果两个 Go 程序同时向一个文件写入内容，则会怎样？

学新知识时，要不断地提出这类问题，通过编写代码进行测试并找到答案，这样，知识的覆盖面也会更广。

### 3．参与项目

在自己能动手写一些简单代码后，可以尝试参与到实际的 Go 项目中去。不管这些项目是工作所需的还是兴趣驱动的，在项目中你会遇到很多实际的问题，学会去思考并解决它们，在这个过程中和项目组的其他小伙伴们互相交流学习并协作解决问题，所以，参与到实际项目中，不仅可以得到成长，还能结识许多志同道合的小伙伴，何乐而不为呢？

# 第 2 章

# 环 境 搭 建

工欲善其事,必先利其器,学习任何一门编程语言的第 1 步都是掌握这门编程语言的环境搭建,Go 语言的环境搭建相对于其他编程语言来讲更加简单。

## 2.1　在 Windows 系统下搭建 Go 开发环境

由于 Windows 系统是市面上主要的操作系统,所以需要掌握 Windows 系统下 Go 环境的搭建。

### 2.1.1　SDK 简介

我们编写的代码是 Go 的代码,机器是不认识的,需要一个工具将 Go 的代码编译为机器可执行的二进制文件,这个工具就是 Go 的编译器,也称为 SDK。

Go 语言的 SDK 就是 Go 语言的软件包,它可以将 Go 代码编译为机器可执行的文件。

### 2.1.2　下载 SDK 工具包

访问 Go 语言官网,选择需要下载的版本,如图 2-1 所示,方框标出的就是 Windows 64 位系统可以用的安装包,MSI 格式的安装包是一键安装版本,ZIP 格式的安装包是包含 EXE 可执行文件的版本,以 ZIP 格式为例进行讲解。

下载好之后,解压就可以得到这些内容,其中有一个 bin 文件夹,打开此文件夹后有一个 go.exe 可执行文件,这个文件就是 Go 的编译器,到这一步下载 SDK 工具包就完成了,如图 2-2 所示。

### 2.1.3　配置 Go 环境变量

此时如果在 bin 目录执行 go version 命令,则可以得到对应的版本信息,但是如果在其他目录执行,则大概率会得到“'go' 不是内部或外部命令,也不是可运行的程序或批处理文件”。

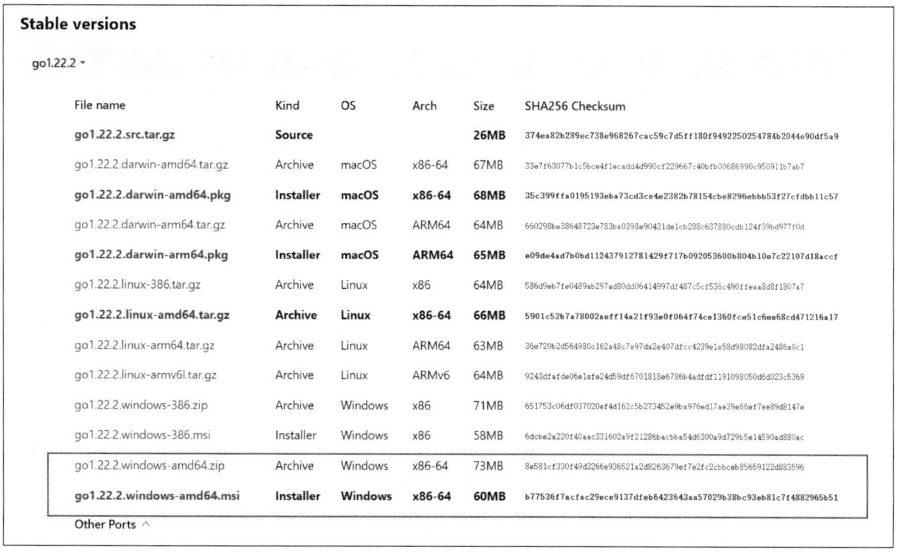

| File name | Kind | OS | Arch | Size | SHA256 Checksum |
|---|---|---|---|---|---|
| **go1.22.2.src.tar.gz** | **Source** | | | **26MB** | 374ea82b289cc738e968267cac59c7d5f180f9492250254784b2044e90df5a9 |
| go1.22.2.darwin-amd64.tar.gz | Archive | macOS | x86-64 | 67MB | 33a7f63077b1c5bce4f1ecadd4d990cf229667c40bfb00686990c950911b7ab7 |
| **go1.22.2.darwin-amd64.pkg** | **Installer** | **macOS** | **x86-64** | **68MB** | 35c399ffa0195193eba73cd3ce4e2382b78154cbe8296ebbb53f27cfdbb11c57 |
| go1.22.2.darwin-arm64.tar.gz | Archive | macOS | ARM64 | 64MB | 660298ba38648723e783ba0398e90431de1cb288c637880cdb124f39bd977f0d |
| **go1.22.2.darwin-arm64.pkg** | **Installer** | **macOS** | **ARM64** | **65MB** | e09de4ad7b0bd11243791278142f717b092053600b804b10e7c22107d18accf |
| go1.22.2.linux-386.tar.gz | Archive | Linux | x86 | 64MB | 586d9eb7fe0489ab297ad80dd06414997df487c5cf536c490ffeaa8d8f1807a7 |
| **go1.22.2.linux-amd64.tar.gz** | **Archive** | **Linux** | **x86-64** | **66MB** | 5901c52b7a78002aeff14a21f93e0f064f74ca1360fca51c6aa68cd471216a17 |
| go1.22.2.linux-arm64.tar.gz | Archive | Linux | ARM64 | 63MB | 36e720b2d564980c162a48c7e97da2e407dfcc4239e1e58d98082dfa2486a0c1 |
| go1.22.2.linux-armv6l.tar.gz | Archive | Linux | ARMv6 | 64MB | 9243dfafde06e1efe24d59df6701818e6786b4adfdf11910980506d6023c5369 |
| go1.22.2.windows-386.zip | Archive | Windows | x86 | 71MB | 651753c06df037020ef4d162c5b273452e9ba976ed17ea39e65ef7ee89d8147a |
| go1.22.2.windows-386.msi | Installer | Windows | x86 | 58MB | 6dcbe2a220f40aac331602a9f21288bacbba456d6300a9d729b5e14590ad880ac |
| go1.22.2.windows-amd64.zip | Archive | Windows | x86-64 | 73MB | 8e581cf330f49d326e936521a2d8263679ef7e2fc2cbbceb85659122d883596 |
| **go1.22.2.windows-amd64.msi** | **Installer** | **Windows** | **x86-64** | **60MB** | b77536f7acfac29ece9137dfeb6423643aa57029b38bc93eb81c7f4882965b51 |

图 2-1　Go 语言官网下载页面截图

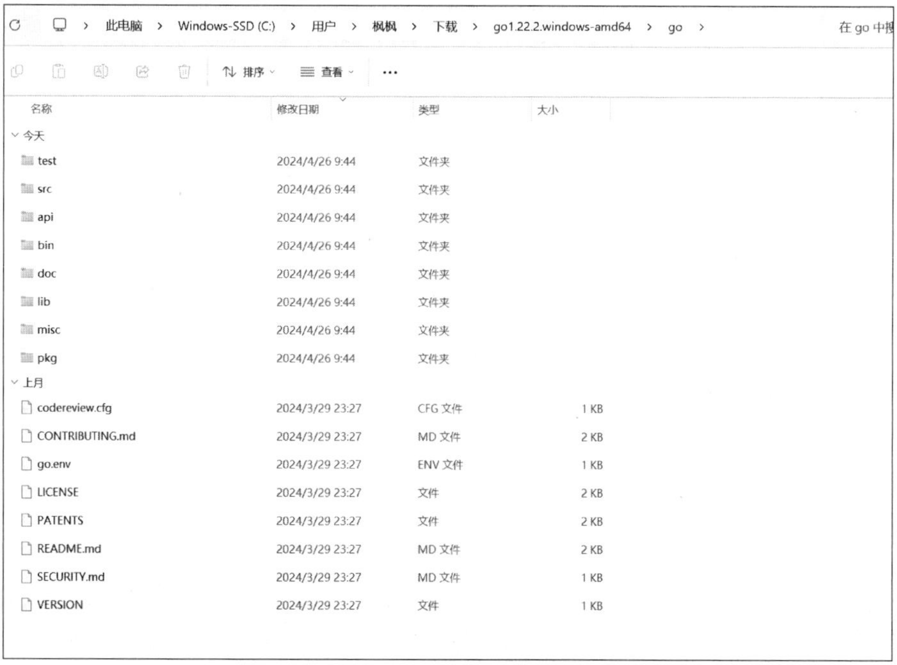

图 2-2　Go 安装包里面的内容

　　原因其实很简单,这是因为输入命令后,计算机会按照顺序到对应的目录里查找,第 1 个就是当前目录,然后到另外几个对应目录里查找,如果找不到就会返回上面的错误信息。

　　需要把下载 Go 的 bin 目录加入环境变量中,方便在其他地方也能进行使用。最好将下载的 Go 目录移动到其他磁盘中,因为后续安装第三方依赖库时会安装到 Go 的安装目录下。

右击"我的计算机",选择"属性",进入系统信息页面,选择"高级系统设置",进入"环境变量"窗口,如图 2-3 所示。

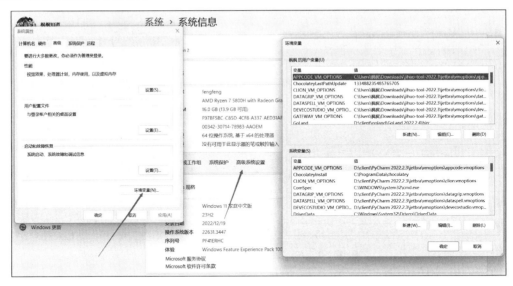

图 2-3　环境变量的设置

双击系统变量里的 Path,添加一个新的环境变量,这个变量的值就是 Go 的 bin 目录的路径,如图 2-4 所示。

图 2-4　添加环境变量

添加完成之后,单击"确定"按钮进行保存,这样在新的终端窗口就可以在任何地方使用 Go 的相关命令了。

### 2.1.4　检查 Go 语言环境是否安装成功

配置好环境变量后,重新打开一个终端命令行窗口后输入 go version 命令,如果可以看到如图 2-5 所示内容,则表示安装成功。

图 2-5　Go 安装成功的效果

## 2.2　Linux 系统下搭建 Go 语言开发环境

Linux 系统下搭建 Go 语言的开发环境和在 Windows 系统下类似,只不过大部分 Linux 系统是没有桌面的,下载 SDK 和配置环境变量只能通过命令实现。

### 2.2.1　Linux 系统下安装 SDK

在 Go 的官网找到下载的安装包,选择 Linux x86-64 版本,复制它的下载链接,如图 2-6 所示。

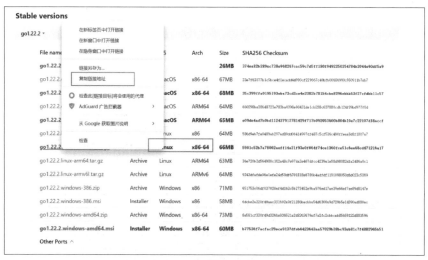

图 2-6　下载 Linux 系统下可用的 Go 语言 SDK

然后在 Linux 系统下下载这个文件,可以使用的命令为 wget。如果没有这个命令,则可使用对应的包管理工具进行下载。

下载完成之后使用 tar -xvf 命令解压,然后就可以得到包含 bin 目录的 Go 目录,命令如下:

```
wget https://Go.Google.cn/dl/Go1.22.2.linux - amd64.tar.gz
tar - xvf Go1.22.2.linux - amd64.tar.gz
```

至此,在 Linux 系统中下载 SDK 的步骤就完成了。

### 2.2.2 配置 Go 环境变量

编写/etc/profile 文件,在文件的最后加入以下内容,然后保存文件,执行 source /etc/profile 即可:

```
export GoPROXY = https://Goproxy.cn
export GoROOT = /opt/Go
export PATH = $ PATH: $ GoROOT/bin
export GoPATH = /opt/Go/pkg
export PATH = $ PATH: $ GoPATH/bin
```

## 2.3 macOS 系统下搭建 Go 语言开发环境

在 macOS 系统下搭建 Go 语言开发环境整体操作同 Windows 系统下搭建 Go 语言开发环境类似。

选择 macOS 系统可用的 Go 语言安装包,如图 2-7 所示,下载完成之后按照提示安装即可。

| File name | Kind | OS | Arch | Size | SHA256 Checksum |
|---|---|---|---|---|---|
| **go1.22.3.src.tar.gz** | **Source** | | | **26MB** | 80648ef34f903193d72a59c0dff019f5f98ae0c9aa13ade0b0ecbff991a76f68 |
| go1.22.3.darwin-amd64.tar.gz | Archive | macOS | x86-64 | 67MB | 610e48c1df4d2f852de8bc2e7fd2dc1521aec216f0c0026625db12f67f192024 |
| **go1.22.3.darwin-amd64.pkg** | **Installer** | **macOS** | **x86-64** | **68MB** | dd5b9303f612379caebfd12eb19e6cadee653b300443eac3a5aca341b05ad7e9 |
| go1.22.3.darwin-arm64.tar.gz | Archive | macOS | ARM64 | 64MB | 02abeab3f4b8981232237ebd88f0a9bad933bc9621791cd7720a9ca29eacbe9d |
| go1.22.3.darwin-arm64.pkg | Installer | macOS | ARM64 | 65MB | 58d2838f28631038ed5583c5aefb73ea4e5b13040983df21c647880f4f7dd381 |
| go1.22.3.linux-386.tar.gz | Archive | Linux | x86 | 64MB | fefba30b60d3dd1909823ee38c9f1930c3dc5337a2ac4701c2277a329a386b57 |
| **go1.22.3.linux-amd64.tar.gz** | **Archive** | **Linux** | **x86-64** | **66MB** | 8920ea521badf8f6b7bc377b4824982e011c19af27df88a815a3586ea895f1b36 |
| go1.22.3.linux-arm64.tar.gz | Archive | Linux | ARM64 | 63MB | 6c33e452a5b26e7aa021b94475587fce80043a727a54ceb0eee2f9fc160646434 |
| go1.22.3.linux-armv6l.tar.gz | Archive | Linux | ARMv6 | 64MB | f2bacad20cd2b96f23a86d4826525d42b229fd431c0dbddec61ff3bc448ef46e |
| go1.22.3.windows-386.zip | Archive | Windows | x86 | 71MB | f60f63b8a0885e0d924f39fd284aee5438fa87d8c3d8545a312adf43e0d9edac |
| go1.22.3.windows-386.msi | Installer | Windows | x86 | 58MB | 589f45de9f7a2afffb4d98535a7da5e1b21e8367abbae35168ca52fd7fdb6a4f |
| go1.22.3.windows-amd64.zip | Archive | Windows | x86-64 | 73MB | cab2af6951a6e2115824263fbcf13ff069c47270f578871fa1d776f7f60cb39 |
| **go1.22.3.windows-amd64.msi** | **Installer** | **Windows** | **x86-64** | **60MB** | 11f1a4a65c90088e942cef4cbf286e07fd5e04f0a3e677646459415daafa0f4b |

图 2-7  macOS 系统下可用的安装包

安装完成之后,在终端输入 go version 命令即可看到 Go 的版本信息,如图 2-8 所示。如果没有显示版本信息,则说明安装失败,可尝试重启计算机解决安装问题。

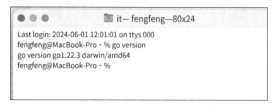

图 2-8　Go 的版本信息

## 2.4　Go 语言的开发工具介绍

在 Go 语言编程过程中,使用一些优秀的软件工具不仅可以提高程序的开发效率,还能让代码更加规范和易于维护。

### 2.4.1　工具介绍

Gopher 常用的开发工具主要有两款,第一款就是完全免费的 VS Code,第二款软件则是 JetBrains 公司开发的 GoLand。

**1. VS Code**

VS Code 是一款轻量级的跨平台代码编辑器,之所以强调编辑器,可能是 VS Code 并无意成为一个全尺寸的集成开发环境,也就是 IDE。

它是由 Erich Gamma 把 Monaco Editor 移植到桌面平台上,成为现今的 VS Code。很多人把编辑器等同于 IDE,其实并非如此。IDE 更注重编程体验,对代码有很好的理解,同时侧重于为代码调试、测试等提供图形化界面,因此,可能会显得比较笨重,而编辑器则相对更轻量,侧重于对文件或者文件夹、语言、工作流提供支持,VS Code 的定位就是编辑器,但又并不局限于此。使用 VS Code 进行编码,界面如图 2-9 所示。

**2. GoLand**

GoLand 是一款由 JetBrains 公司开发的专业 Go 语言集成开发环境(IDE)。它提供了强大的代码自动完成功能、智能错误检查、代码重构、内置的版本控制工具和强大的调试功能。GoLand 的界面简洁直观,可以帮助开发人员更加高效地编写和管理 Go 代码。使用 GoLand 进行编码,界面如图 2-10 所示。

### 2.4.2　工具选择

因为 GoLand 需要授权才能使用,所以在不购买授权且合法的情况下,选择 VS Code 是一个比较好的选择。

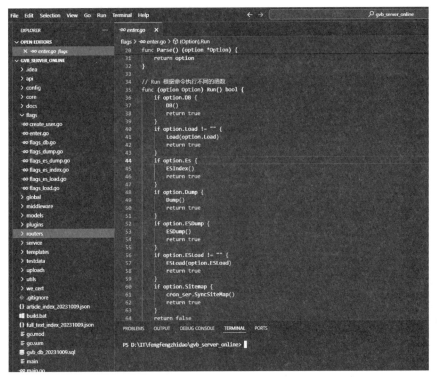

图 2-9　VS Code 编码界面

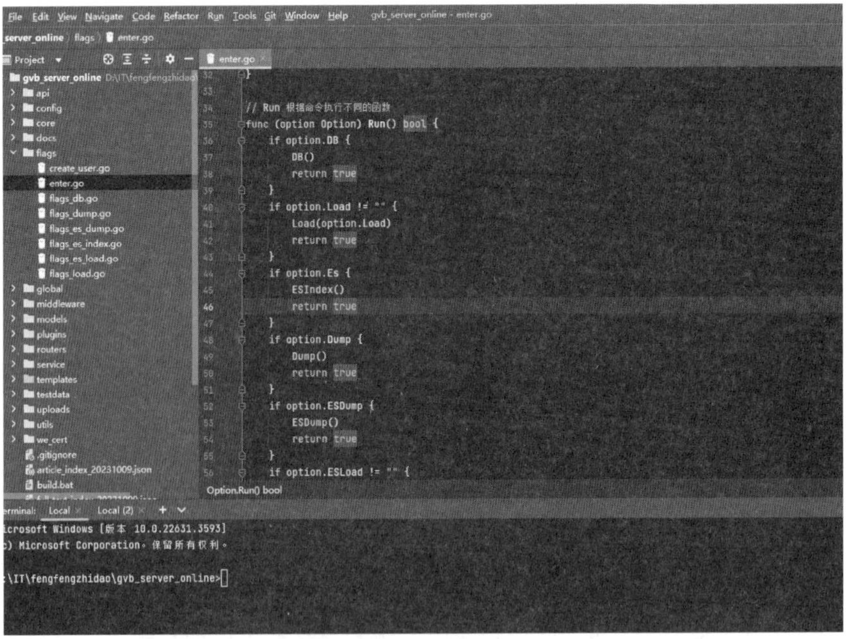

图 2-10　GoLand 编码界面

### 2.4.3　VS Code 的安装和使用

访问 VS Code 官网进行下载，根据提示安装即可。

然后在 VS Code 中安装 Go 插件就可以编写 Go 的代码了，如图 2-11 所示。

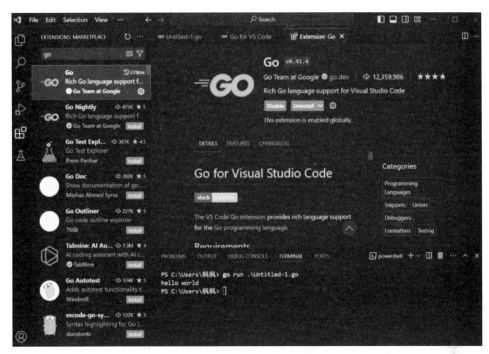

**图 2-11　下载 Go 的插件**

### 2.4.4　GoLand 的安装和使用

该软件是商业软件，需要付费使用，有 30 天的试用期。

下载 GoLand 安装程序后，双击 GoLand 安装包，进入欢迎安装界面，然后单击 Next 按钮继续安装，如图 2-12 所示。

首先进入"选择安装目录"界面，选择安装的目录，然后单击 Next 按钮继续安装，如图 2-13 所示。

首先进入"安装选项"界面，建议全选，如图 2-14 所示，这样这些后缀文件都将会默认使用 GoLand 打开，其次单击 Next 按钮继续安装，接下来进入"选择菜单文件夹"，保持默认选项即可，再次单击 Install 按钮进行安装。

等到进度条刷新完成会进入软件安装完成界面，最后单击 Finish 按钮即可，如图 2-15 所示。

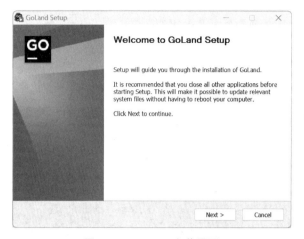

图 2-12　GoLand 安装界面

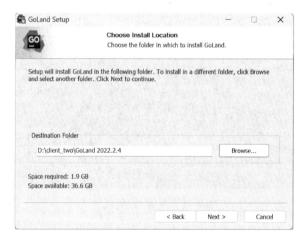

图 2-13　选择 GoLand 安装目录

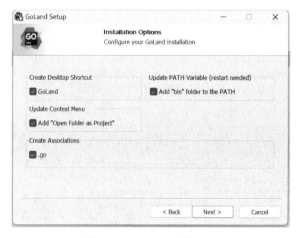

图 2-14　GoLand 安装选项

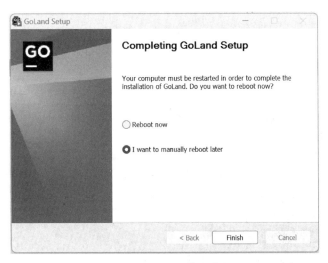

图 2-15  GoLand 安装完成页面

## 2.5  运行第 1 个程序

环境搭建完成之后,创建一个 Go 文件,在其中写入以下内容:

```
//unit1/hello_world.go
package main

import "fmt"

func main() {
    fmt.Println("hello world")
}
```

## 2.5.1  Go 代码结构介绍

一个标准的 Go 文件需要有 package(包名)和 func main(主函数)。

在 Go 语言中,每个可执行程序都需要一个 package main 的声明作为程序的入口点。这个声明告诉编译器,这是一个可独立执行的程序。也就是说,这个程序是一个独立的应用程序,而不是一个库或者模块。

在 Go 语言中,package main 声明通常会包含一个 func main()函数,这个函数是程序的入口点,程序会从这里开始执行。

### 2.5.2 GoLand 中运行 Go 文件

GoLand 中运行 Go 文件有很多方法，直接右击鼠标，单击 Run 选项即可运行，如图 2-16 所示。

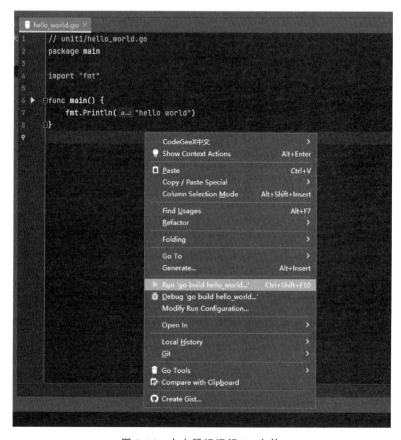

图 2-16　右击鼠标运行 Go 文件

也可直接单击右上角的绿色三角形运行，如图 2-17 所示。

图 2-17　单击三角形运行

### 2.5.3 命令行运行 Go 文件

在 Go 文件的当前目录下，执行命令 go run Go 文件即可运行，如图 2-18 所示。

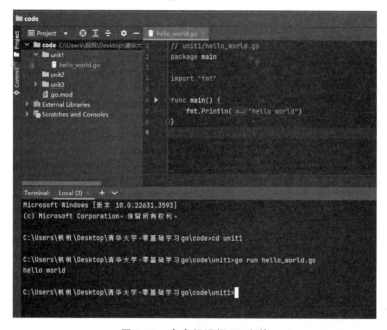

图 2-18　命令行运行 Go 文件

# 第 3 章

**CHAPTER 3**

# 变量与基本数据类型

由于 Go 语言是静态类型语言,因此变量(Variable)是有明确类型的,编译器也会检查变量类型的正确性。

## 3.1　什么是变量

变量这个词的定义来源于数学,例如,$f(x)=2x+1$,其中 $x$ 就是变量。

在编程中,变量(Variable)是程序在运行的过程中内容可以变化(修改)的量。变量是程序的基本组成单位,是内存中一个数据存储空间的表示,可以通过变量名找到变量值。它的功能是存储用户的数据,是计算机语言中能储存计算结果或能表示值的抽象概念,其内存模拟演示如图 3-1 所示。

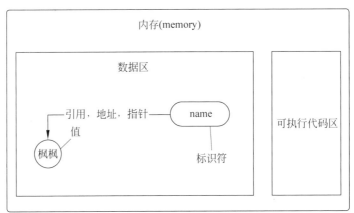

图 3-1　变量的内存模拟

## 3.2　变量的声明、初始化和赋值

在 Go 语言中,变量的标准声明如下:

```
var name string = "枫枫"
```

其中，var 是关键字，name 是变量名，name 后面的 string 是变量类型，"＝"是赋值符号，"枫枫"就是变量对应的值。

对于上面这段代码，标准的读法是将"枫枫"这个字符串赋值给 name 这个变量，而不是 name 变量等于"枫枫"。需要牢记编程中的"＝"和数学中的"＝"含义是不一样的。

除了标准声明之外，还可以引申以下几种写法。

（1）先声明，再赋值，代码如下：

```
var name string
name = "枫枫"
```

（2）自动类型推导，代码如下：

```
var name = "枫枫"
```

（3）简短赋值，代码如下：

```
name := "枫枫"
```

简短赋值还能用于声明多个变量，代码如下：

```
name, age := "枫枫", 25
```

（4）多行声明，代码如下：

```
var(
    name string
    age int
    )
name = "枫枫"
age = 23
```

变量的类型一旦确定之后，就不能再进行更改了，例如将字符串的值赋给 int 类型的变量，这是不被允许的。

## 3.3 常量

与变量对应的是常量，常量的值一旦被确定就不能再被修改了，它的定义如下：

```
const NAME string = "枫枫"
```

常量的定义只有两种写法。

（1）自动类型推导，代码如下：

```
const NAME = "枫枫"
const AGE = 23
```

4min

(2) 多行定义,代码如下:

```
const (
    NAME = "枫枫"
    AGE = 23
)
```

一般定义常量使用全大写命名。

iota 是 Go 语言中的一个预定义标识符,它用于创建自增的无类型整数常量。iota 的行为类似于一个计数器,每次在常量声明中出现时自增一次,以下是 iota 的基本用法:

```
const (
    Apple = iota                //0
    Banana                      //1
    Cherry                      //2
)
```

在上述示例中,使用 iota 创建了一组常量。第 1 个常量 Apple 的值为 iota,也就是 0。接下来的常量 Banana 和 Cherry 会自动递增,分别为 1 和 2。

iota 在每个常量声明中按顺序递增,但有一些可以影响它的规则:

(1) iota 从 0 开始递增。

(2) 每个常量声明中的 iota 值会自动递增,不需要显式操作。

(3) 在同一个 const 块中,每次遇到 iota 都会自增。

(4) 在不同的 const 块中,iota 会重新从 0 开始递增。

以下代码用于演示递增规则,代码如下:

```
//unit3/0.常量.go
package main

const (
    One = iota                  //0
    Two                         //1
    Three = 5                   //5
    Four                        //5 (与上一个值相同)
    Five = iota + 1             //5 (显式操作)
    Six                         //6 (继续自增)
)

const (
    _ = iota                    //忽略第 1 个 iota 值 0
    January                     //1
    February                    //2
    March = iota                //3
)
```

在上述示例中展示了多个常量声明块中 iota 的递增行为。可以看到,iota 在每个常量声明中自动递增,并受到前一个常量值的影响。通过显式操作,可以在递增过程中进行调整或跳过。

2min

## 3.4 局部变量和全局变量

在函数体内定义的变量称为局部变量,它的作用域是从它定义那一行开始,直到遇到"}"结束或者遇到 return 为止,代码如下:

```go
//unit3/1.局部变量.go
package main

import "fmt"

func main() {
    {
        //定义一个局部变量,它的作用域为当前的花括号内
        var name = "枫枫"
        fmt.Println(name)           //可以正常打印
    }
    fmt.Println(name)               //错误,name 作用域只在代码块内
}
```

局部变量还有一个特性,那就是定义的变量必须被使用,例如将上方的第 1 个 print 语句进行注释会看到 name 变量下方会出现一个红色波浪线,鼠标悬浮上去会得到一个变量未使用的错误信息,如图 3-2 所示。能正确地观察错误是一个合格程序员的必备技能。

图 3-2 变量未使用的错误信息

在函数体外定义的变量称为全局变量,只要定义了,在定义前后都能使用,并且在当前包中的任意函数体内也都能使用,代码如下:

```
//unit3/2.全局变量.go
package main

import "fmt"

//变量 className 在定义之前都能使用
var classStudent = className + "的学生"

var className = "三年级二班"

func main() {
    fmt.Println(className)           //三年级二班
    fmt.Println(classStudent)       //三年级二班的学生
}
```

全局变量的定义只能使用关键字声明,也就是不能使用简短赋值方式声明全局变量。全局变量还有一个特性,就是定义之后可以不进行使用。

## 3.5 变量可见性

1min

在声明变量时,如果该变量的首字母是大写,则表示该变量对外可见;反之,如果该变量的首字母是小写,则表示该变量对外不可见。

这个规则是 Go 语言中最重要的一条规则,也是初学者最容易忽略的问题,要理解这个问题,先看示例:

```
//unit3/pkg/version.go
package pkg

var Version = "1.0.0"
var commit = "第 1 次提交"
```

在 unit3 目录下创建了一个 pkg 目录,然后创建了一个文件名为 version 的 Go 文件,指定这个文件的包名为 pkg,一般和目录名同名。在包中定义了两个全局变量 Version 和 commit,其中 Version 的首字母大写,此变量将在外包中可见。

然后在其他包中导入 pkg 这个包进行使用,代码如下:

```
//unit3/3.变量可见性.go
package main

import (
    "code/unit3/pkg"
    "fmt"
)

func main() {
```

```
    fmt.Println(pkg.Version)              //可以使用
    fmt.Println(pkg.commit)               //不能使用
}
```

代码编辑器也能在使用的过程中显示对外可见的变量，如图 3-3 所示。

**图 3-3 代码编辑器显示可见的变量**

该规则不仅针对变量名有效，对于未来学习的函数名、结构体命名、结构体属性命名同样有效，需要牢记此规则。

# 3.6 注释

在着手编写 Go 代码时，是否考虑过，该编写什么样的代码注释才会使代码读起来易懂呢？不会出现"过了几个月，自己写的代码都不认识了"的情况呢？

注释就是不被机器所执行的代码，是给开发人员看的提示内容。

## 3.6.1 注释的格式

在 Go 语言中，使用注释有两种写法：

```
//这是单行注释

/*
    这是多行
    注释
*/
```

对于大部分编辑器，可按快捷键 Ctrl＋/快速添加注释。

### 3.6.2　包注释

每个程序包(Package)都应该有一个包注释,该注释用于介绍整个 Package 相关的信息,并且通常设定了对 Package 的期望效果。

包注释不仅可以使用块注释的格式,当然也可以使用行注释的格式,这两种格式在 Go 语言中都非常常用,例如下方是 Go 内置的 path 包的包注释。

```
//Package path implements utility routines for manipulating slash-separated
//paths.
//
//The path package should only be used for paths separated by forward
//slashes, such as the paths in Urls. This package does not deal with
//Windows paths with drive letters or backslashes; to manipulate
//operating system paths, use the [path/filepath] package.
package path
```

解释一下示例中的包注释,第 1 段用于描述接下来的代码文件是一个名为 path 的包。这是 Go 语言约定的一部分,有助于在整个代码库中提供一致的文档。也就是说开头必须声明这个 Package,Package 后面接着是包的名称。

第 2 段用于对包功能进行简要描述。它说明了该包的目的,即实现用于处理斜杠分隔路径的实用程序例程。

### 3.6.3　命令注释

命令(Command)注释与包注释不同,它描述的是程序的行为,而不是程序包中的功能特征。注释的第一句话的开头通常是 Command 的名称,需要首字母大写(因为是一行的开头)。

```
//unit3/4.命令注释.go
/*
Gofmt formats Go programs.
It uses tabs for indentation and blanks for alignment.
Alignment assumes that an editor is using a fixed-width font.
...
Usage:

    gofmt [flags] [path ...]

The flags are:

    -d
        Do not print reformatted sources to standard output.
        If a file's formatting is different than gofmt's, print diffs
        to standard output.
    -w
        Do not print reformatted sources to standard output.
```

```
                    If a file's formatting is different from gofmt's, overwrite it
                    with gofmt's version. If an error occurred during overwriting,
                    the original file is restored from an automatic backup.
    ...
    */
    package main

    func main() {

    }
```

---

**注意**：命令注释通常使用块注释来表示，内容主要包括命令的功能、命令的用法及参数说明等。

---

## 3.6.4 变量注释

变量注释是最常用的注释，用于解释每个变量的作用，防止过段时间看不懂代码的情况发生。

（1）分组注释：可以对常量（const）、变量（variable）进行分组表示，同时一般使用单行注释来说明，示例代码如下：

```
package scanner //import "text/scanner"

//The result of Scan is one of these tokens or a Unicode character.
const (
    EOF = -(iota + 1)
    Ident
    Int
    Float
    Char
    ...
)
```

（2）组内注释：有时，常量、变量里面的每个元素都需要记录其作用，示例代码如下：

```
package unicode //import "unicode"

const (
    MaxRune         = '\U0010FFFF'  //maximum valid Unicode code point.
    ReplacementChar = '\uFFFD'      //represents invalid code points.
    MaxASCII        = '\u007F'      //maximum ASCII value.
    MaxLatin1       = '\u00FF'      //maximum Latin-1 value.
)
```

（3）未分组元素注释：未分组的常量、变量的注释开头通常为名称，示例代码如下：

```
package unicode

//Version is the Unicode edition from which the tables are derived.
const Version = "13.0.0"
```

## 3.7　规范的代码风格

命名是代码规范中很重要的一部分,统一的命名规则有利于提高代码的可读性,好的命名仅仅通过命名就可以获取足够多的信息。

在命名变量名时,可以使用的字符只能是小写字母、大写字母、数字及下画线,并且首字符不能是数字。

除此之外,Go语言变量的命名还影响着变量的外部访问。它们遵循如下规则:

(1) 当命名(包括常量、变量、类型、函数名、结构字段等)以一个大写字母开头时,如Group1,那么使用这种形式的标识符的对象就可以被外部包的代码所使用(客户端程序需要先导入这个包),这被称为导出。

(2) 如果命名以小写字母开头,则对包外是不可见的,但是在整个包的内部是可见的,并且是可用的。

### 1. 包命名

保持package的名字和目录一致,尽量采取简短且有意义的包名,尽量不要和标准库冲突。包名应该为小写单词,不要使用下画线或者混合大小写。

```
package main
package demo
```

### 2. 文件命名

文件命名规则应该为小写单词,使用下画线分隔各个单词。

```
my_test.go
```

### 3. 结构体命名

结构体采用驼峰命名法,首字母根据访问控制大写或者小写,struct声明和初始化格式采用多行,代码如下:

```
type User struct {
    Username string
    Email string
}
u: = User{
    Username: "zal"
    Email: "zal@qq.com"
}
```

### 4. 接口命名

接口命名规则基本和结构体命名规则一致。

单个函数的结构名以er作为后缀,例如Reader、Writer,代码如下:

```
type Reader interface {
    Read(p []byte)(n int ,err error)
}
```

### 5. 变量命名

若变量类型为 bool 类型,则名称应以 Has、Is、Can 或 Allow 开头,代码如下:

```
var isExist bool
var hasconflict bool
var canManage bool
var allowGitHook bool
```

和结构体类似,变量名称一般遵循驼峰命令法,首字母根据访问控制原则采用大写或者小写,但当遇到特有名词时,需要遵循以下规则。

(1) 如果变量为私有,并且特有名词为首个单词,则使用小写,如 apiClient。

(2) 其他情况都应当使用该名词原有的写法,如 APIClient、repoID、UserIDo。

(3) 错误示例:UrlArray,应该写成 urlArray 或者 URLArray。

### 6. 常量命名

常量由全部大写字母组成,并使用下画线分词,代码如下:

```
const APP_VER = "1.0"
```

如果是枚举类型的常量,则需要先创建相应类型,代码如下:

```
type Scheme string
const(
    HTTP Scheme = "http"
    HTTPS Scheme = "https"
)
```

## 3.8　数据类型的基本介绍

Go 语言有一系列的基本数据类型,包括数字类型、布尔类型和字符串类型。

### 3.8.1　数字类型

7min

Go 语言中的数字类型较多,包含 int8、int16、int32、int64、int、uint8、uint16、unit32、uint64、uint。这么多的数字类型,难道都需要记住吗?

其实数字类型可分为两大类,一类是有符号类型,其中的符号是指正负号,另一类是无符号类型,后面的数字表示长度,例如 int8 表示有符号 8 位整型,取值范围是 −128～127,uint8 表示无符号 8 位整型,取值范围是 0～255。对于没有数字的类型,例如 int 和 uint 类型,则根据操作系统决定数字长度。

这里简单地介绍数字类型的取值范围如何计算,以 int8 为例,它是有符号的,那么需要取出一位来存储符号,并且正向的最后一个是取不到的,所以实际取值范围就是 $-2^{8-1}$ ~ $2^{8-1}-1$。也就是 $-128$ ~ $127$。那么 uint8 的取值范围就是 $0$ ~ $2^8-1$。

### 1. 不同进制的表示方法

出于习惯,在初始化数据类型为整型的变量时会使用十进制表示法,因为它最直观,但是也可以使用其他进制表示整数,代码如下:

```go
//unit3/5.数字类型.go
package main

import "fmt"

func main() {
    var n1 = 2              //十进制
    fmt.Println(n1)
    var n2 = 0b10           //二进制
    fmt.Println(n2)
    var n3 = 0o02           //八进制
    fmt.Println(n3)
    var n4 = 0x02           //十六进制
    fmt.Println(n4)
}
```

### 2. 二进制

由于二进制在计算机中被广泛使用,所以需要简单了解什么是二进制。

二进制,最简单的理解就是一种仅用"1"和"0"的数列组合来表示具体数值的记数方法。它的基数为 2,进位规则是"逢二进一",借位规则是"借一当二"。

二进制数据是用 0 和 1 这两个数码来表示的数,这两个数码可以对应计算机中的开(1)和关(0)两种状态,因此计算机中的所有数据都是以二进制的形式存储和运算的。

此外,二进制也可以用来表示字母、颜色、图像、声音等多种信息,是计算机技术中广泛采用的一种数制。

如何将十进制数转换为二进制?可以使用除二取余法,以 30 为例,解答步骤如图 3-4 所示。最终 30 的二进制数为 11110。

如何将二进制数转换为十进制?将对应位置的数乘以对应 2 的 $n$ 次方,最后相加即可,还是以 30 的二进制 11110 为例,转换为十进制的代码如下:

图 3-4 除二取余法

```go
//unit3/二进制.go
package main

func main() {
```

```
    //1        1        1        1        0
    //1 * 2^4 + 1 * 2^3 + 1 * 2^2 + 1 * 2^1 + 0 * 2^0
    //16 + 8 + 4 + 2 + 0
    //30
}
```

### 3. 十六进制

十六进制是一种以 16 为基数的计数系统,使用数字 0~9 和字母 A~F 表示数值。它比十进制更简洁,适合在二进制和计算机科学中使用。

十六进制在计算机领域应用普遍,常见的有 HTML、CSS 的颜色表、MAC 地址、字符编码等,例如计算机的物理地址使用十六进制表示,如图 3-5 所示。

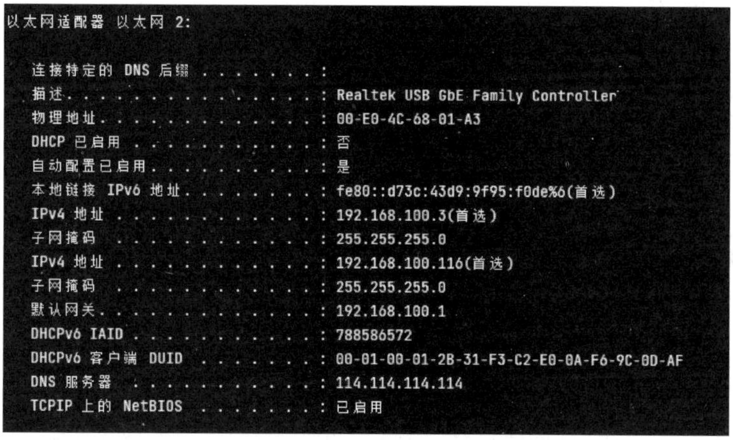

图 3-5 计算机的物理地址使用十六进制表示

## 3.8.2 浮点数类型

4min

在 Go 语言中,浮点型包括两种类型:float32 和 float64,分别占用 32 位和 64 位内存空间,并用于表示单精度和双精度浮点数。声明和初始化浮点型变量的示例代码如下:

```
var num1 float32       //声明一个 float32 类型的变量 num1,默认初始化为 0.0
num2 := 3.14           //使用短变量声明方式声明一个 float64 类型的变量 num2,并初始化为 3.14
var num3 float64 = 2.71828       //声明一个 float64 类型的变量 num3,并初始化为 2.71828
```

浮点型的精度指的是它可以表示的小数部分的位数。在 Go 语言中,float32 类型的精度约为 6 位小数,而 float64 类型的精度约为 15 位小数。需要注意的是,由于浮点数使用二进制表示,所以浮点数的精确度在进行运算时可能会有一定的损失。

以下是一个示例,展示浮点型精度损失的情况,代码如下:

```
package main

import "fmt"
```

```
func main() {
    num1 := 0.1
    num2 := 0.2
    sum := num1 + num2

    fmt.Println(sum)    //输出结果可能会有精度损失,显示为 0.30000000000000004
}
```

在上述示例中,由于浮点数的精度损失,num1 和 num2 的和可能会显示为一个不太准确的结果。

**1. 特殊的浮点数——无穷大**

在一些特定的场合中,常常需要用到一个"无穷大"的值,如果直接设置一个特定的值,例如 999 999,则不太合适。在 Go 语言中,可以很方便地实现这一操作,代码如下:

```
//无穷大
num := math.Inf(1)
fmt.Println(num > 99999999)                      //true
fmt.Println(num > 9999999999999999999999999)     //true
```

**2. 特殊的浮点数——NaN**

NaN(Not a Number)是一种特殊的浮点数值,在计算中表示无效或未定义的结果。当进行一些数学运算时,如果结果无法确定或不可表达,就会产生 NaN 值。

NaN 值主要具有以下特点:

(1) NaN 不等于任何值,包括自身,因此,NaN !＝NaN 会返回 true。

(2) NaN 参与任何数学运算(除了一些特殊的比较操作)都会返回 NaN,例如,NaN＋1、NaN * 2、sqrt(NaN)都会得到 NaN。

(3) NaN 可以通过调用 math.NaN()函数来生成。

代码如下:

```
//创建一个 NaN
nan := math.NaN()

//判断一个数是否是 NaN
isNaN := math.IsNaN(nan)
fmt.Println(isNaN)    //输出:true
```

## 3.8.3　字符串类型

10min

Go 语言中的字符串是一组只读的字节切片(Slice of bytes),每个字符串都使用一字节或多字节表示。当字符为 ASCII 码表上的字符时占用 1 字节,例如英文字母,其他字符根据需要占用 2～4 字节,例如汉语、日语中的汉字、平假名、片假名等。

字符串的定义是使用双引号进行包裹的,代码如下:

```
var name = "这是一个字符串"
```

如果要设置多行字符串,则可以使用反引号,代码如下:

```
var name = `可以
定义
多行
字符串`
```

## 1. 转义字符

使用双引号定义的字符串,如何在字符串里面表示双引号本身呢? 答案是使用转义字符,示例代码如下:

```
var result = "我的名字是:\"枫枫\""
```

除此之外,还有许多转义字符,只需简单记住常用转义字符,如表 3-1 所示。

表 3-1　赋值运算符及其含义

| 转　义　符 | 含　义 | 转　义　符 | 含　义 |
|:---:|:---:|:---:|:---:|
| \n | 换行符 | \' | 单引号 |
| \r | 回车符 | \" | 双引号 |
| \t | 制表符 | \\ | 反斜杠 |

这些转义字符的使用效果如图 3-6 所示。

图 3-6　转义字符的使用效果

**2. 字符串函数**

在 Go 语言中,字符串处理非常重要,因为字符串在编程中扮演着关键的角色,因此 Go 语言内置了很多处理字符串的内置函数。

1) len()函数

Go 语言的内置函数 len()可以用来获取切片、字符串、通道(Channel)等的长度,代码如下:

```
str01 := "Hello World!"
str02 := "你好"
fmt.Println(len(str01))                         //12
fmt.Println(len(str02))                         //6
```

len()函数返回一个整数,表示字符串的 ASCII 字符个数或字节长度。

这里需要注意的一点是,由于在计算机中,中文是以 UTF-8 格式保存的,每个中文占用 3 字节,因此使用 len()函数获得两个中文文字对应的 6 字节。

2) RuneCountInString()函数

如果希望按习惯上的字符个数来计算,就需要使用 Go 语言中 UTF-8 包提供的 RuneCountInString() 函数,统计 Unicode 字符数量,代码如下:

```
name := "枫枫知道"
fmt.Println(len(name))                          //12
fmt.Println(utf8.RuneCountInString(name))       //4
```

3) Contains()函数

使用 strings.Contains() 函数检查字符串是否包含指定的子串。strings.Contains() 函数用于检查一个字符串是否包含另一个子串。它返回一个布尔值,表示是否找到了子串,代码如下:

```
str1 := "hello world"
fmt.Println(strings.Contains(str1, "world"))    //true
fmt.Println(strings.Contains(str1, "abc"))      //false
```

4) Count()函数

strings.Count()函数用于统计一个字符串中子串出现的次数。它返回一个整数,表示子串在字符串中出现的次数,示例代码如下:

```
str2 := "hello world"
fmt.Println(strings.Count(str2, "l"))           //3
fmt.Println(strings.Count(str2, "a"))           //0
```

5) Split()函数

strings.Split()函数用于对一个字符串按照指定的分隔符进行分割,得到一个字符串切片。它返回一个切片,其中包含被分割后的子串,代码如下:

```
str := "apple, banana, orange"
fruits := strings.Split(str, ",")
fmt.Println("fruits:", fruits)      //fruits: [apple banana orange]
```

6）HasPrefix()函数

strings.HasPrefix()函数用于检查一个字符串是否以指定的前缀开头。它返回一个布尔值，表示字符串是否以指定的前缀开头，代码如下：

```
str3 := "this is a apple"
fmt.Println(strings.HasPrefix(str3, "thi"))      //true
fmt.Println(strings.HasPrefix(str3, "abc"))      //false
```

7）HasSuffix()函数

strings.HasSuffix()函数用于检查一个字符串是否以指定的后缀结尾。它返回一个布尔值，表示字符串是否以指定后缀结尾，代码如下：

```
fileName := "test.go"
fmt.Println(strings.HasSuffix(fileName, ".go"))      //true
fmt.Println(strings.HasSuffix(fileName, ".txt"))      //false
```

8）Replace()函数

strings.Replace()函数用于在一个字符串中将指定的子串替换为新的子串。它返回一个新的字符串，其中完成了替换操作，代码如下：

```
str4 := "今天中午吃橘子,橘子太好吃了"
fmt.Println(strings.Replace(str4, "橘子", "红烧肉", 1))      //今天中午吃红烧肉,橘子
                                                        //太好吃了
fmt.Println(strings.Replace(str4, "橘子", "红烧肉", 2))      //今天中午吃红烧肉,红烧
                                                        //肉太好吃了
fmt.Println(strings.Replace(str4, "橘子", "红烧肉", -1))      //今天中午吃红烧肉,红烧
                                                        //肉太好吃了
```

第 4 个参数表示替换的次数，可以使用 −1 表示全部替换，如果要表示全部替换，则可以直接使用 strings.ReplaceAll()函数，在其内部也是使用 −1 来实现的，代码如下：

```
fmt.Println(strings.ReplaceAll(str4, "橘子", "红烧肉"))      //今天中午吃红烧肉,红烧肉
                                                        //太好吃了
```

## 3. 格式化输出

有时，需要输出该变量的类型，或者将浮点数保留两位小数进行输出，可使用 Go 语言的％占位符进行格式化输出。

Go 语言的占位符比较多，归纳为四大类：

（1）通用类占位符，如表 3-2 所示。

表 3-2　通用类占位符

| 占　位　符 | 含　　义 |
| --- | --- |
| %T | 获取数据类型 |
| %v | 获取数据的值 |
| %+v | 获取数据的值,如果是结构体,则会携带字段名 |
| %#v | 获取数据的值,如果是结构体,则会携带结构体名和字段名 |
| %% | 字面上的一个% |

代码如下:

```go
//unit3/格式化输出/1.通用类.go
package main

import "fmt"

func main() {
    name := "枫枫知道"
    age := 18
    type Info struct {
        Name string
        Age int
    }
    var info = Info{"枫枫", 25}

    fmt.Printf("%T %T %T\n", name, age, info)        //string int main.Info
    fmt.Printf("%v %v %v\n", name, age, info)         //枫枫知道 18 {枫枫 25}
    fmt.Printf("%+v %+v %+v\n", name, age, info)      //枫枫知道 18 {枫枫 25}
    fmt.Printf("%#v %#v %#v\n", name, age, info)      //"枫枫知道" 18
main.Info{Name:"枫枫", Age:25}
    fmt.Printf("单独表示一个%%号\n")
}
```

(2) 整数类占位符,如表 3-3 所示。

表 3-3　整数类占位符

| 占　位　符 | 含　　义 |
| --- | --- |
| %b | 二进制表示 |
| %c | 相应 Unicode 码点所表示的字符 |
| %d | 十进制表示 |
| %o | 八进制表示 |
| %q | 单引号围绕的字符字面值,由 Go 语法安全地转义 |
| %x | 十六进制表示,字母形式为小写 a-f |
| %X | 十六进制表示,字母形式为大写 A-F |
| %U | Unicode 格式:U+1234,等同于 "U+%04X" |

代码如下：

```go
//unit3/格式化输出/2.整数类.go
package main

import "fmt"

func main() {
    num : = 97
    fmt.Printf("%b\n", num)          //1100001
    fmt.Printf("%c\n", num)          //a
    fmt.Printf("%d\n", num)          //97
    fmt.Printf("%o\n", num)          //141
    fmt.Printf("%q\n", num)          //'a'
    fmt.Printf("%x\n", num)          //61
    fmt.Printf("%X\n", num)          //61
    fmt.Printf("%U\n", num)          //U + 0061
}
```

（3）浮点数类占位符，如表 3-4 所示。

表 3-4　浮点数类占位符

| 占　位　符 | 含　　义 |
| --- | --- |
| %e | 科学记数法，例如－1234.456e＋78 |
| %E | 科学记数法，例如－1234.456E＋78 |
| %f | 有小数点而无指数，例如123.456 |
| %g | 根据情况选择%e 或%f 以产生更紧凑的浮点数(无末尾的 0) |
| %G | 根据情况选择%E 或%f 以产生更紧凑的浮点数(无末尾的 0) |

代码如下：

```go
//unit3/格式化输出/3.浮点数类.go
package main

import "fmt"

func main() {
    var f = 314.15926000
    fmt.Printf("%e\n", f)          //3.141593e + 02
    fmt.Printf("%E\n", f)          //3.141593E + 02
    fmt.Printf("%f\n", f)          //314.159260
    fmt.Printf("%.2f\n", f)        //314.16
    fmt.Printf("%.0f\n", f)        //314
    fmt.Printf("%g\n", f)          //314.15926
    fmt.Printf("%G\n", f)          //314.15926
}
```

（4）字符串类占位符，如表 3-5 所示。

表 3-5　字符串类占位符

| 占　位　符 | 含　义 |
| --- | --- |
| %s | 输出字符串表示(string 类型或[]byte) |
| %q | 双引号围绕的字符串，由 Go 语法安全地转义 |
| %x | 十六进制，小写字母，每字节两个字符 |
| %X | 十六进制，大写字母，每字节两个字符 |

代码如下：

```
//unit3/格式化输出/4.字符串类.go
package main

import "fmt"

func main() {
    name := "枫枫知道"
    fmt.Printf("%s\n", name)          //枫枫知道
    fmt.Printf("%q\n", name)          //"枫枫知道"
    fmt.Printf("%x\n", name)          //e69eabe69eabe79fa5e98193
    fmt.Printf("%X\n", name)          //E69EABE69EABE79FA5E98193
}
```

（5）布尔占位符，如表 3-6 所示。

表 3-6　布尔占位符

| 占　位　符 | 含　义 |
| --- | --- |
| %t | true 或 false |

## 3.8.4　布尔类型

布尔类型(Bool)是一种基本数据类型，用于表示逻辑值，即真或假、是或否。它主要用于条件判断和逻辑运算。

Go 语言中的布尔类型关键字为 bool，布尔类型的变量只有两个取值：true 和 false，在默认情况下，未初始化的布尔类型的变量值为 false。

声明布尔变量，代码如下：

```
var isDone bool          //未初始化，默认为 false
var isActive = true      //初始化为 true
var isReady := false     //简短声明方式，初始化为 false
```

## 3.8.5　字符类型

定义一个字符串需要使用双引号包裹，那么使用单引号包裹会怎样？

在 Go 语言中,使用单引号赋值的就是字符类型,示例代码如下:

```
var char byte = 'a'
```

需要注意的是,不是所有字符都可以直接赋值,在 ASCII 码表中的字符才能进行赋值。如果是单个中文,则需要使用 rune 类型赋值,代码如下:

```
var char rune = '中'
```

其中的根本原因是,byte 的实际类型是无符号 8 位 int 类型,简称 uint8,它的实际长度就是 0~255,所以无法存下中文、日文、韩文等非 ASCII 的字符。rune 类型的实际类型是有符号的 32 位整型,简称 int32,有 4 字节长度。

## 3.9　扩展——字符编码

上文多次提到关于中文的存储和英文的存储不太一样,例如使用 len() 函数得到的一个中文长度为 3,以及 byte 类型不能存储中文等问题,有没有想过这是为什么呢? 中文字符在计算机中究竟是如何进行存储的?

### 3.9.1　ASCII 第 1 个编码集合的诞生及发展

起初计算机刚发展时,发明这种机器的人使用 8 个不同位数的开关(只能是 0 和 1)表示不同的状态,称为"字节",字节是所有编码的基础,所有的编码都由字节组成。后来根据这些字节发明出了一种处理字节的机器,发明者将其称为计算机。

最开始计算机被发明于美国,8 个 0 和 1 可以组成 256 种组合,于是发明者约定每个组合状态代表一个用途,例如,如果遇上 0×10,终端就换行,如果遇上 0×07,终端就向人们嘟嘟叫,如果遇上 0x1b,打印机就打印反白的字,或者终端就用彩色显示字母。由于 0x20 以下的组合基本是用来控制计算机的,因此被称为"控制码"。后续又把 0x20~127 之间的组合全部用字符、符号和数字等填入,这样这些规则就可以支撑起起初的需求了。于是,被称作为美国信息交换标准代码(American Standard Code for Information Interchange,ASCII)诞生,如图 3-7 所示。

但随着计算机的发展,很多国家的语言使用的不是英文,于是美国国家标准协会把 127 后面剩下的组合使用画表格时需要用到的横线、竖线、交叉等形状及带音标的字母等全部填入,127 后面的字符集就被称为"扩展字符集"。

### 3.9.2　GBK 编码的诞生及发展

随着计算机的进一步发展,中国引入了计算机,但当计算机传到中国时,起初 256 个位置已经全部被填满了,况且中国汉字众多,就算 256 个位置全部未被使用,也完全不够 6000 多个常用汉字使用。于是定义了一个新的编码规则:一个小于 127 的字符的意义与原来相同,

| 低四位 | \ 高四位 | 十进制 | 字符 | ctrl | 代码 | 字符解释 | 十进制 | 字符 | ctrl | 代码 | 字符解释 | 十进制 | 字符 | 十进制 | 字符 | 十进制 | 字符 | 十进制 | 字符 | 十进制 | 字符 | 十进制 | 字符 |
|---|---|---|---|---|---|---|---|---|---|---|---|---|---|---|---|---|---|---|---|---|---|---|---|
| | | 0000 0 | | | | | 0001 1 | | | | | 0010 2 | | 0011 3 | | 0100 4 | | 0101 5 | | 0110 6 | | 0111 7 | |
| 0000 | 0 | 0 | BLANK NULL | ^@ | NUL | 空 | 16 | ▲ | ^P | DLE | 数据链路转意 | 32 | | 48 | 0 | 64 | @ | 80 | P | 96 | ` | 112 | p |
| 0001 | 1 | 1 | ☺ | ^A | SOH | 头标开始 | 17 | ▼ | ^Q | DC1 | 设备控制1 | 33 | ! | 49 | 1 | 65 | A | 81 | Q | 97 | a | 113 | q |
| 0010 | 2 | 2 | ☻ | ^B | STX | 正文开始 | 18 | ↕ | ^R | DC2 | 设备控制2 | 34 | " | 50 | 2 | 66 | B | 82 | R | 98 | b | 114 | r |
| 0011 | 3 | 3 | ♥ | ^C | ETX | 正文结束 | 19 | ‼ | ^S | DC3 | 设备控制3 | 35 | # | 51 | 3 | 67 | C | 83 | S | 99 | c | 115 | s |
| 0100 | 4 | 4 | ♦ | ^D | EOT | 传输结束 | 20 | ¶ | ^T | DC4 | 设备控制4 | 36 | $ | 52 | 4 | 68 | D | 84 | T | 100 | d | 116 | t |
| 0101 | 5 | 5 | ♣ | ^E | ENQ | 查询 | 21 | § | ^U | NAK | 反确认 | 37 | % | 53 | 5 | 69 | E | 85 | U | 101 | e | 117 | u |
| 0110 | 6 | 6 | ♠ | ^F | ACK | 确认 | 22 | ▬ | ^V | SYN | 同步空闲 | 38 | & | 54 | 6 | 70 | F | 86 | V | 102 | f | 118 | v |
| 0111 | 7 | 7 | • | ^G | BEL | 震铃 | 23 | ↨ | ^W | ETB | 传输块结束 | 39 | ' | 55 | 7 | 71 | G | 87 | W | 103 | g | 119 | w |
| 1000 | 8 | 8 | ◘ | ^H | BS | 退格 | 24 | ↑ | ^X | CAN | 取消 | 40 | ( | 56 | 8 | 72 | H | 88 | X | 104 | h | 120 | x |
| 1001 | 9 | 9 | ○ | ^I | TAB | 水平制表符 | 25 | ↓ | ^Y | EM | 媒体结束 | 41 | ) | 57 | 9 | 73 | I | 89 | Y | 105 | i | 121 | y |
| 1010 | A | 10 | ◙ | ^J | LF | 换行/新行 | 26 | → | ^Z | SUB | 替换 | 42 | * | 58 | : | 74 | J | 90 | Z | 106 | j | 122 | z |
| 1011 | B | 11 | ♂ | ^K | VT | 竖直制表符 | 27 | ← | ^[ | ESC | 转意 | 43 | + | 59 | ; | 75 | K | 91 | [ | 107 | k | 123 | { |
| 1100 | C | 12 | ♀ | ^L | FF | 换页/新页 | 28 | ∟ | ^\ | FS | 文件分隔符 | 44 | , | 60 | < | 76 | L | 92 | \ | 108 | l | 124 | \| |
| 1101 | D | 13 | ♪ | ^M | CR | 回车 | 29 | ↔ | ^] | GS | 组分隔符 | 45 | - | 61 | = | 77 | M | 93 | ] | 109 | m | 125 | } |
| 1110 | E | 14 | ♫ | ^N | SO | 移出 | 30 | ▲ | ^6 | RS | 记录分隔符 | 46 | . | 62 | > | 78 | N | 94 | ^ | 110 | n | 126 | ~ |
| 1111 | F | 15 | ☼ | ^O | SI | 移入 | 31 | ▼ | ^_ | US | 单元分隔符 | 47 | / | 63 | ? | 79 | O | 95 | _ | 111 | o | 127 | ⌂ |

图 3-7  ASCII 字符表

但两个大于 127 的字符连在一起时,就表示一个汉字,前面的一字节(称为高字节)从 0xA1 用到 0xF7,后面一字节(称为低字节)从 0xA1 到 0xFE,这样就可以组合出 7000 多个简体汉字了。不仅包含了中国汉字,还把数学符号、罗马数字、希腊字母、日文的假名都编进去了,连在 ASCII 里本来就有的数字、标点、字母都重新编了两字节长的编码,这就是常说的"全角"字符,而原来在 127 号以下的那些就叫"半角"字符了。于是 GB2312 诞生了,GB2312 是对 ASCII 中文字符集的扩展。

但随着计算机进一步地在中国发展,使用范围越来越广,很多人发现自己的名字打不出来,于是不得不继续把 GB2312 没有用到的码位找出来。后来还是不够用,于是不再要求低字节一定是 127 号之后的内码,只要第 1 字节是大于 127 就固定表示这是一个汉字的开始,不管后面跟的是不是扩展字符集里的内容。结果扩展之后的编码方案被称为 GBK 标准,GBK 包括 GB2312 的所有内容,同时又增加了近 20 000 个新的汉字(包括繁体字)和符号。后来少数民族也要用计算机了,于是再扩展,又加了几千个新的少数民族的字,GBK 扩成了 GB18030。

于是 DBCS(Double Byte Character Set,双字节字符集)标准诞生了。在 DBCS 系列标准里,最大的特点是两字节长的汉字字符和一字节长的英文字符并存于同一套编码方案里,因此为了支持中文处理,必须注意字串里的每字节的值,如果这个值是大于 127 的,就认为一个双字节字符集里的字符出现了。此时,1 中文字符=2 英文字符。

### 3.9.3 Unicode 编码的诞生

双字节字符集诞生了,这意味着其他国家也能像中国一样构造自己的编码体系,但随着发展出现了新的问题:每个国家都有自己的编码,要正常地显示每个国家的编码,就必须装上相应编码的字符系统,但这么多国家,每个国家都装一套字符系统既容易出错,也浪费空间。

随着这种问题的产生及发展,ISO(国际标准化组织)决定解决这个问题,于是废除了所有的地区性编码方案,重新制定一个包括地球上所有文字、所有字母和符号的编码。称为 Universal Multiple-Octet Coded Character Set,简称 UCS,俗称 Unicode。

Unicode 开始制定时,计算机的存储器容量极大地发展了,空间再也不成问题了。于是 ISO 就直接规定必须用两字节,也就是 16 位来统一表示所有的字符,对于 ASCII 里的那些"半角"字符,Unicode 保持其原编码不变,只是将其长度由原来的 8 位扩展为 16 位,而其他文化和语言的字符则全部重新统一编码。由于"半角"英文符号只需用到低 8 位,所以其高 8 位永远是 0,因此这种方案在保存英文文本时会浪费空间。

### 3.9.4 UTF 系列编码的诞生及发展

Unicode 在很长一段时间内无法推广,直到互联网的出现,为了解决 Unicode 如何在网络上传输的问题,于是面向传输的众多 UTF(UCS Transfer Format)标准出现了,顾名思义,UTF-8 就是每次采用 8 位传输数据,而 UTF-16 就是每次采用 16 位传输数据。UTF-8 是互联网上使用最广的一种 Unicode 的实现方式,这是为传输而设计的编码,并使编码无国界,这样就可以显示全世界所有文化的字符了。

UTF-8 最大的一个特点就是它是一种变长的编码方式。它可以使用 1~4 字节表示一个符号,根据不同的符号而变化字节长度,当字符在 ASCII 码的范围时,就用一字节表示,保留了 ASCII 字符一字节的编码作为它的一部分,需要注意的是 Unicode 一个中文字符占 2 字节,而 UTF-8 一个中文字符占 3 字节。从 Unicode 到 UTF-8 并不是直接对应的,而是要通过一些算法和规则来转换。

### 3.9.5　扩展——乱码之王锟斤拷

乱码通常是由于编码时使用的字符集和解码时使用的字符集不相同。锟斤拷通常在 UTF-8 与中文编码的转换过程中出现。

Unicode 字符集有一个专门用于提示用户字符无法识别或展示的替换符号,如图 3-8 所示。

如果有 UTF-8 无法识别的字符,则会用这个问号替换,在 UTF-8 中对应的十六进制为"EF BF BD",如果有两个连着的问号替换符,十六进制则为"EF BF BD EF BF BD"。

这时再用 GBK 中文编码解码则会出现锟斤拷,因为 GBK 编码中,每个汉字用两字节。

**图 3-8　替换符号**

"EF BF"对应锟,"BD EF"对应斤,"BF BD"对应拷,乱码之王锟斤拷就是这样来的。

7min

## 3.10　基本数据类型的默认值

在定义变量时,有一种情况是先声明再赋值。

如果变量只声明不赋值,则变量对应的值是多少,在 Go 语言中,一旦变量声明,就会给变量一个对应类型的默认值。

常见的基本数据类型对应的默认值如表 3-7 所示。

**表 3-7　常见的基本数据类型对应的默认值**

| 数 据 类 型 | 默 认 值 |
| --- | --- |
| int | 0 |
| float | 0.000000 |
| string | 空字符串 |
| 结构体 | 根据结构体内部的基础数据类型进行初始化赋值 |
| 数组、切片 | 空数组 |
| 指针 | nil |

代码如下：

```go
//unit3/9.数据类型默认值.go
package main

import "fmt"

type UserInfo struct {
    Name string
    Age int
    Sex string
    Flag bool
}

//main 函数
func main() {
    var a int
    var b bool
    var c float64
    var d byte
    var e string
    var f UserInfo
    var g * UserInfo
    var ip * int
    var bp * bool
    var fp * float64
    var sp * string
    var ssp * byte
    var iArray []int

    fmt.Println("------- 默认值列表 --------")
    fmt.Printf("int 的默认值为 % d\n", a)            //0
    fmt.Printf("bool 的默认值为 % t\n", b)           //false
    fmt.Printf("float64 的默认值为 % f\n", c)        //0.000000
    fmt.Printf("byte 的默认值为 % b\n", d)           //0
    fmt.Printf("string 的默认值为 % s\n", e)         //
    fmt.Printf("结构体 UserInfo 的默认值为 % v\n", f)   //{0 false}
    fmt.Printf("结构体指针 UserInfo 的默认值为 % v\n", g) //< nil >
    fmt.Printf("int 切片的默认值为 % v\n", iArray)     //[]
    fmt.Printf("int 指针的默认值为 % p\n", ip)         //0x0
    fmt.Printf("byte 指针的默认值为 % p\n", bp)        //0x0
    fmt.Printf("string 指针的默认值为 % p\n", fp)      //0x0
    fmt.Printf("float64 指针的默认值为 % p\n", sp)     //0x0
    fmt.Printf("byte 指针的默认值为 % p\n", ssp)       //0x0
}
```

# 3.11　类型转换

类型转换是将一种类型通过一定方法变换到其他类型，例如将数字转换为字符串。

### 3.11.1　显式类型转换

显式类型转换可以通过类型转换操作符将一个值转换为指定的类型,其语法如下:

```
type_name(expression)
```

其中,type_name 为数据类型,expression 为表达式或变量值。注意:类型转换可能会导致精度损失或溢出,因此,在进行类型转换时,需要确保目标类型能够容纳原始值的范围,否则可能会产生不正确的结果。

在下面的示例代码中,将一个 float64 类型的值 66.66 显式地转换为 int 类型,并将结果赋给变量 y。由于 int 类型无法容纳小数部分,故转换后的值为 66,代码如下:

```
package main

import "fmt"

func main() {
    var x float64 = 66.66
    //将 float64 类型的变量显式地转换为 int 类型
    var y int = int(x)
    //输出: 66
    fmt.Println(y)
}
```

### 3.11.2　隐式类型转换

隐式类型转换是指在表达式中自动进行的类型转换,这种类型转换通常发生在不同类型的数据之间进行运算时。Go 语言会自动将它们转换成相同的类型,以确保表达式的合法性和正确性。如果要真正理解隐式类型转换,则需要先了解常量。

常量是指不能改变值的特殊变量,分为两种:未命名常量和命名常量。未命名常量只在编译期间存在,不会存储在内存中。命名常量存在于内存静态区,不允许修改,例如,const a=66 这条语句,66 是未命名常量,a 是命名常量;编译后,a 的值固定为 66,而等号右边的 66 不再存在。

除了位运算、未命名常量外,运算符两边的操作数类型必须相同,否则会发生编译错误。如果运算符两边是不同类型的未命名常量,则隐式转换的优先级为整数(int)<字符型(rune)<浮点数(float)<复数(Complex),代码如下:

```
package main

import "fmt"

func main() {
```

```
//由于 66 和 100 的类型相同,所以不需要隐式类型转换
const num1 = 66 / 100
//整数会被优先转换为浮点数 100.0, 结果为 0.66
const num2 = 66 / 100.0

const num3 int = 88
//num3 为命名常量,与 1.5 的数据类型不同,由于无法进行隐式类型转换,所以会发生编译错误
const num4 = num3 * 1.5
fmt.Println(num1, num2, num3, num4)
}
```

### 3.11.3　strconv 包

2min

strconv 是 Go 语言标准库中的一个包,用于字符串与基本数据类型之间的相互转换。它提供了一系列函数,可以用于将字符串解析为各种基本数据类型,或将基本数据类型格式化为字符串。strconv 包在处理用户输入、配置文件解析等场景中非常有用。

#### 1. 字符串转整数(Atoi)

Atoi 函数的语法如下:

```
func Atoi(s string) (int, error)
```

它接受一个字符串参数 s,并返回两个值：一个 int 类型的整数和一个 error 类型的错误。如果转换成功,则函数返回转换后的整数和 nil 的错误。如果转换失败,则函数返回一个非 nil 的错误,其中错误信息描述了转换失败的原因。

---

**注意**：如果输入的字符串无法解析为整数,或者包含了超出整数范围的值,则转换将失败,函数会返回一个错误。

---

代码如下:

```
//unit3/类型转换/1.atoi.go
package main

import (
    "fmt"
    "strconv"
)

func main() {
    num, err := strconv.Atoi("123")
    fmt.Println(num, err) //123 < nil >
    num, err = strconv.Atoi("abc")
    fmt.Println(num, err) //0 strconv.Atoi: parsing "abc": invalid syntax
}
```

### 2. 整数转字符串(Itoa)

Itoa 函数的语法如下:

```
func strconv.Itoa(i int)
```

Itoa 函数接收一个整数参数 i,并返回一个对应的字符串表示,代码如下:

```
//unit3/类型转换/2.itoa.go
package main

import (
    "fmt"
    "strconv"
)

func main() {
    fmt.Println(strconv.Itoa(123))          //123
    fmt.Println(strconv.Itoa(0b111))         //7
    fmt.Println(strconv.Itoa(0xaa))          //170
}
```

4min

## 3.12 输入函数

当编写程序时,在很多情况下需要从键盘将数据输入程序中。这种用户输入可以是任何类型的数据,例如字符串、整数、浮点数等。用户输入的数据可以用于程序的逻辑运算、计算、条件判断等。

在 Go 语言中,可以使用标准库中的 fmt 包提供的输入函数来读取用户的输入。这些函数提供了不同的方式来获取用户输入,并将其存储到指定的变量中。

常见的输入函数有以下几种。

(1) Scan:从标准输入中读取一行文本,并将其存储到指定的变量中。它以空格为分隔符,将输入的文本分隔成多个字符串,并将它们依次存储到指定的变量中。

(2) Scanf:从标准输入中读取格式化的文本,并将其存储到指定的变量中。它可以根据指定的格式字符串解析输入的文本,并将其存储到指定的变量中。

(3) Scanln:类似于 Scan,但是它会读取一整行文本,直到遇到换行符为止,并将其存储到指定的变量中。

这些输入函数可以根据需要读取不同类型的数据,并将其转换为相应的数据类型。

需要注意的是,用户输入通常需要进行错误处理和数据验证,以确保输入的数据符合预期,例如,通过检查输入的数据类型、范围或格式等来验证用户输入的有效性,以避免潜在的错误或异常。

### 3.12.1 Scanf 函数

使用占位符，识别对应类型的内容，Scanf 常见占位符如表 3-8 所示。

表 3-8　Scanf 常见占位符

| 占 位 符 | 介 绍 | 占 位 符 | 介 绍 |
|---|---|---|---|
| %v | 按数据原格式 | %t | 布尔型 |
| %d | 十进制整型 | %c | 字符型 |
| %f | 浮点数 | %s | 字符串型 |

代码如下：

```go
//unit3/scanf.go
package main

import "fmt"

func main() {
    var a int
    var b float64
    var str string
    var c bool
    //注意:在 Go 语言中字符类型不是 char,而是 byte
    var d byte

    //测试的是这个
    fmt.Scanf("%d %f %s %t %c", &a, &b, &str, &c, &d)
    fmt.Printf("%d %f %s %t %c\n", a, b, str, c, d)

    //输入整型
    fmt.Scanf("%d", &a)
    fmt.Printf("整型:%d\n", a)
    //输入浮点型
    fmt.Scanf("%f", &b)
    fmt.Printf("浮点型:%f\n", b)
    //输入字符串
    fmt.Scanf("%s", &str)
    fmt.Printf("字符串:%s\n", str)
    //输入布尔类型
    fmt.Scanf("%t", &c)
    fmt.Printf("布尔:%t\n", c)
    //输入字符类型
    fmt.Scanf("%c", &d)
    fmt.Printf("字符:%c\n", d)
}
```

### 3.12.2　Scanln 函数

此函数是一行一行地读取数据,代码如下:

```go
//unit3/scanln.go
package main

import "fmt"

func main() {
    var a int
    var b float64
    var str string
    var c bool

    fmt.Scanln(&a)
    fmt.Scanln(&b)
    fmt.Scanln(&str)
    fmt.Scanln(&c)
    fmt.Printf("%d %f %s %t", a, b, str, c)
}
```

### 3.12.3　Scan 函数

Scan 函数的用法与 Scanln 函数类似,可以写在一行,代码如下:

```go
//unit3/scan.go
package main

import "fmt"

func main() {
    var a int
    var b float64
    var c bool
    var str string
    //使用 Scan 输入
    fmt.Scan(&a, &b, &c, &str)
    fmt.Printf("%d %.2f %t %s", a, b, c, str)
}
```

# 第4章

CHAPTER 4

# 运 算 符

## 4.1 运算符基本介绍

运算符是一种特殊的符号,用以表示数据的运算、赋值和比较等。

## 4.2 赋值运算符

赋值运算符用于为某个变量或常量赋值。除了最简单的"＝",Go 语言还提供了多种丰富的赋值运算符。在大多数情况下,使用赋值运算符可以简化编码,如表 4-1 所示。

表 4-1　赋值运算符及其含义

| 赋值运算符 | 含　　义 |
| --- | --- |
| ＝ | 直接将运算符右侧的值赋给左侧的变量或表达式 |
| ＋＝ | 先将运算符左侧的值与右侧的值相加,再将和赋给左侧的变量或表达式 |
| －＝ | 右侧的值减去左侧变量的值,再将差赋给左侧的变量或表达式 |
| ＊＝ | 先将运算符左侧的值与右侧的值相乘,再将相乘结果赋给左侧的变量或表达式 |
| /＝ | 先将运算符左侧的值与右侧的值相除,再将相除结果赋给左侧的变量或表达式 |
| ％＝ | 先将运算符左侧的值与右侧的值相除取余数,再将余数赋给左侧的变量或表达式 |
| <<＝ | 先将运算符左侧的值按位左移右侧数值指定数量的位置,再将位移后的结果赋给左侧的变量或表达式 |
| >>＝ | 先将运算符左侧的值按位右移右侧数值指定数量的位置,再将位移后的结果赋给左侧的变量或表达式 |
| &＝ | 先将运算符左侧的值与右侧的值进行按位与运算,再将位运算后的结果赋给左侧的变量或表达式 |
| \|＝ | 先将运算符左侧的值与右侧的值进行按位或运算,再将位运算后的结果赋给左侧的变量或表达式 |
| ^＝ | 先将运算符左侧的值与右侧的值进行按位异或运算,再将位运算后的结果赋给左侧的变量或表达式 |

需要注意编程中的"＝"和数学中的"＝"并不是一回事,在编程中"＝"表示赋值符号,例如"var a＝10",在口语表达中的含义是"将 10 赋值给变量 a"而不是变量 a 等于 10。

重点解释"＋＝"的概念及用法,这在实际开发中用的次数远远大于其他赋值语句,代码如下:

```
var a = 10
var b = 5
a += b + 1              //等价于 a = a + b + 1
fmt.Println(a)          //16
```

赋值运算符主要具有以下特点:

(1) 运算顺序从右往左。

(2) 赋值运算符的左边只能是变量,右边可以是变量、表达式、常量值。

代码如下:

```
//unit4/1.赋值运算符.go

package main

import (
    "fmt"
)

func test() int {
    return 90
}

func main() {
    //赋值运算符的使用演示
    var i int
    i = 10                                              //基本赋值
    fmt.Println(i)                                      //10

    //有两个变量 a 和 b,要求将其进行交换,最终打印结果
    a := 9
    b := 2
    fmt.Printf("交换前的情况是 a = %v, b= %v \n", a, b)    //交换前的情况是 a = 9, b= 2
    //定义一个临时变量,通过临时变量交换
    t := a
    a = b
    b = t
    fmt.Printf("交换后的情况是 a = %v, b= %v \n", a, b)    //交换后的情况是 a = 2, b= 9

    //复合赋值的操作
    a += 17                                             //等价于 a = a + 17
    fmt.Println("a = ", a)                              //a = 9

    var c int
```

```
c = a + 3                        //赋值运算的执行顺序是从右向左
fmt.Println(c)                   //22

//赋值运算符的左边只能是变量,右边可以是变量、表达式、常量值
//表达式:任何有值的式子都可以看作表达式
var d int
d = a
d = 8 + 2 * 8                    //= 的右边是表达式
d = test() + 90                  //= 的右边是表达式
d = 890                          //890 是常量
fmt.Println(d)                   //890
}
```

## 4.3   算术运算符

算术运算符用于对数值类型的变量进行运算,如表 4-2 所示。

表 4-2   算术运算符及其含义

| 算术运算符 | 含　义 | 算术运算符 | 含　义 |
|---|---|---|---|
| ＋ | 相加 | ％ | 取余数 |
| － | 相减 | ＋＋ | 自增1 |
| ＊ | 相乘 | －－ | 自减1 |
| / | 相除 | | |

(1)除号"/"对于整数除和小数除是有区别的。当整数之间进行除法运算时,只保留整数部分而舍弃小数部分,例如 x := 15/4,结果是 3,如果需要保留小数,则至少需要其中的一个为 float 类型,代码如下:

```
x := 15 / 4
fmt.Println(x)                   //3 只取整数部分
y := float64(15) / 4
fmt.Println(y)                   //3.75 保留小数
z := 15 / float64(4)
fmt.Println(z)                   //3.75 保留小数
k := float64(15) / float64(4)
fmt.Println(k)                   //3.75 保留小数
```

(2)当对一个数取模时,可以等价于 a％b＝a－(a/b)＊b,代码如下:

```
a := 8
b := 3
fmt.Println(a % b)               //2
fmt.Println(a - (a/b) * b)       //2
```

(3)Go 语言的自增自减只能当作一个独立的语句来使用,代码如下:

```
a : = 1
a++                                     //自增
a--                                     //自减

//b : = a ++                            //不能这样写

fmt.Println(a)                          //1
```

(4) Go语言中的＋＋和－－只能写在变量后面,不能写在变量前面,只有 a＋＋和 a－－,没有＋＋a 和－－a。

通过整除和取余计算,可以解决生活中的一些小问题,假如还有 99 天放假,算出还有多少星期零多少天。

解:将天转换为周需要除以 7 获取整数部分,剩下的天数就是零几天,代码如下:

```
var days = 99
var week = days / 7
var day = days % 7
fmt.Printf("%d星期零%d天\n", week, day)                //14 星期零 1 天
```

## 4.4 关系运算符

关系运算符用于表示两个值的大小关系,关系运算符及其含义如表 4-3 所示。

表 4-3 关系运算符及其含义

| 关系运算符 | 含　义 | 关系运算符 | 含　义 |
|---|---|---|---|
| ＝＝ | 相等 | <= | 小于或等于 |
| != | 不相等 | > | 大于 |
| < | 小于 | >= | 大于或等于 |

(1) 关系运算符的结果都是布尔型,要么是 true,要么是 false。
(2) 关系运算符组成的表达式称为关系表达式,例如 a>b。
(3) 比较运算符"＝＝"不能写成"＝"。
代码如下:

```
//unit4/3.关系运算符.go
package main

import "fmt"

func main() {
    var a int = 4
    var b int = 3
    fmt.Println(a > b)           //true
    fmt.Println(a >= b)          //true
    fmt.Println(a < b)           //false
```

```
    fmt.Println(a <= b)                 //false
    fmt.Println(a == b)                 //false
    fmt.Println(a != b)                 //true

    flag := a > b
    fmt.Println(flag)                   //true
}
```

# 4.5  逻辑运算符

▷ 3min

逻辑运算符有时又被称为逻辑连接词。顾名思义,它可以将两个逻辑命题连接起来,组成新的语句或命题,最终形成复合语句或复合命题,其返回结果为布尔值。

Go 语言支持的所有逻辑运算符及其含义如表 4-4 所示。

表 4-4  逻辑运算符及其含义

| 逻辑运算符 | 含　义 |
|---|---|
| && | 逻辑与(AND),当运算符前后两个条件的结果均为 true 时,运算结果为 true |
| \|\| | 逻辑或(OR),当运算符前后两个条件的结果中有一个为 true 时,运算结果为 true |
| ! | 逻辑非(NOT),对运算符后面的条件的结果取反,当条件的结果为 true 时,整体运算结果为 false,否则为 true |

代码如下:

```
//unit4/4.逻辑运算符.go
package main

import "fmt"

func main() {
    a, b := 8, 2
    fmt.Println(a > b && b > 0)          //true

    fmt.Println(a > b || b < 0)          //true

    fmt.Println(!(a > b || b < 0))       //false
}
```

逻辑运算符"&&"和"||"在执行时,如果前边的结果能够决定整个表达式的结果,则不会执行下一条语句,这种情况称为逻辑短路。

例如"&&",如果前边的式子执行的结果为 false,那么后边的结果就不需要执行。因为后边的式子不论结果是什么,整个表达式的结果都为 false。

同理,在"||"语句中,假设前边的式子为 true,那么整个式子的结果就为 true,而无须执行后边的式子。

## 4.6　位运算符

位运算符提供了整型数据的二进制位操作。在计算机内部,所有的数据都是由二进制的 0 和 1 进行存储的,整型数据也不例外。整型数据经过位运算后,可以得到按位操作后的新数值。

Go 语言提供了 5 个位运算符,如表 4-5 所示。

表 4-5　位运算符及其含义

| 位 运 算 符 | 含　　义 |
|---|---|
| & | 按位与(AND)操作,其结果是运算符前后的两数各对应的二进制位相与后的结果 |
| \| | 按位或(OR)操作,其结果是运算符前后的两数各对应的二进制位相或后的结果 |
| ^ | 按位异或(XOR)操作,当运算符前后的两数各对应的二进制位相等时,返回 0;反之,返回 1 |
| << | 按位左移操作,该操作本质上是将某个数值乘以 2 的 n 次方,n 为左移位数。更直观地来看,其结果就是将某个数值的所有二进制位向左移了 n 个位置,并将超限的高位丢弃,低位补 0 |
| >> | 按位右移操作,该操作本质上是将某个数值除以 2 的 n 次方,n 为右移位数。更直观地来看,其结果就是将某个数值的所有二进制位向右移了 n 个位置,并将超限的低位丢弃,高位补 0 |

### 4.6.1　按位与

按位与(&),对两个数进行操作,然后返回一个新的数,这个数的每位都需要两个输入数的同一位都为 1 时才为 1。简称"同一位同时为 1 则为 1",如表 4-6 所示。

表 4-6　按位与计算

| 9 & 3 | | | | | | | | |
|---|---|---|---|---|---|---|---|---|
| 9 | 0 | 0 | 0 | 0 | 1 | 0 | 0 | 1 |
| 3 | 0 | 0 | 0 | 0 | 0 | 0 | 1 | 1 |
| 9 & 3 | 0 | 0 | 0 | 0 | 0 | 0 | 0 | 1 |

例如 9 & 3 等于 1。

### 4.6.2　按位或

按位或(|),比较两个数,然后返回一个新的数,这个数的每位设置 1 的条件是任意一个数的同一位为 1 则为 1。简称"同一位其中一个为 1 则为 1",如表 4-7 所示。

表 4-7 按位或计算

| 9 \| 3 | | | | | | | | |
|---|---|---|---|---|---|---|---|---|
| 9 | 0 | 0 | 0 | 0 | 1 | 0 | 0 | 1 |
| 3 | 0 | 0 | 0 | 0 | 0 | 0 | 1 | 1 |
| 9\|3 | 0 | 0 | 0 | 0 | 1 | 0 | 1 | 1 |

例如 9 | 3 等于 11。

## 4.6.3 按位异或

按位异或（^），比较两个数，然后返回一个数，这个数的每位设为 1 的条件是两个输入数的同一位不同则为 1，如果相同就设为 0。简称"同一位不相同则为 1，相同则为 0"，如表 4-8 所示。

表 4-8 按位异或计算

| 9 ^ 3 | | | | | | | | |
|---|---|---|---|---|---|---|---|---|
| 9 | 0 | 0 | 0 | 0 | 1 | 0 | 0 | 1 |
| 3 | 0 | 0 | 0 | 0 | 0 | 0 | 1 | 1 |
| 9^3 | 0 | 0 | 0 | 0 | 1 | 0 | 1 | 0 |

例如 9 ^ 3 等于 10。

## 4.6.4 按位左移

按二进制形式把所有的数字向左移动对应的位数，高位移出（舍弃），低位的空位补 0，如表 4-9 所示。

表 4-9 按位左移计算

| 9 << 3 | | | | | | | | |
|---|---|---|---|---|---|---|---|---|
| 9 | 0 | 0 | 0 | 0 | 1 | 0 | 0 | 1 |
| 9 << 3 | 0 | 1 | 0 | 0 | 1 | 0 | 0 | 0 |
| 72 | 9 << 3 | | | | | | | |

例如 9 << 3 等于 72。

## 4.6.5 按位右移

按二进制形式把所有的数字向右移动对应位移位数，低位移出（舍弃），高位的空位补符号位，即正数补 0，负数补 1，如表 4-10 所示。

表 4-10 按位右移计算

| 9 >> 3 | | | | | | | | |
|---|---|---|---|---|---|---|---|---|
| 9 | 0 | 0 | 0 | 0 | 1 | 0 | 0 | 1 |
| 9 >> 3 | 0 | 1 | 0 | 0 | 0 | 0 | 0 | 1 |
| 1 | 9 >> 3 | | | | | | | |

例如 9 >> 3 等于 1。

上述示例代码如下：

```
//unit4/5.位运算.go
package main

import "fmt"

func main() {
    a, b : = 9, 3
    //与
    fmt.Println(a & b)              //1
    //或
    fmt.Println(a | b)              //11
    //异或
    fmt.Println(a ^ b)              //10
    //左移
    fmt.Println(a << b)             //72
    //右移
    fmt.Println(a >> b)             //1
}
```

## 4.7  运算符的优先级

运算符是用来在程序运行时执行数学或逻辑运算的,在 Go 语言中,一个表达式可以包含多个运算符,当表达式中存在多个运算符时,就会遇到优先级问题,此时应该先处理哪个运算符呢？这个就是由 Go 语言运算符的优先级来决定的。

Go 语言有几十种运算符,被分成十几个级别,有的运算符优先级不同,有的运算符优先级相同,运算符优先级如表 4-11 所示。

表 4-11  运算符优先级

| 优先级 | 分　类 | 运　算　符 | 结合性 |
|---|---|---|---|
| 1 | 逗号运算符 | , | 从左到右 |
| 2 | 赋值运算符 | =、+ = 、- = 、* = 、/= 、% = 、>= 、<<= 、& = 、^ = 、\| = | 从右到左 |
| 3 | 逻辑或 | \|\| | 从左到右 |
| 4 | 逻辑与 | && | 从左到右 |
| 5 | 按位或 | \| | 从左到右 |
| 6 | 按位异或 | ^ | 从左到右 |
| 7 | 按位与 | & | 从左到右 |
| 8 | 相等、不等 | == 、! = | 从左到右 |
| 9 | 关系运算符 | <、<= 、>、>= | 从左到右 |
| 10 | 位移运算符 | <<、>> | 从左到右 |

| 优先级 | 分　类 | 运　算　符 | 结合性 |
|---|---|---|---|
| 11 | 加法、减法 | ＋、－ | 从左到右 |
| 12 | 乘法、除法、取余 | ＊（乘号）、/、％ | 从左到右 |
| 13 | 单目运算符 | !、＊（指针）、&、＋＋、－－、＋（正号）、－（负号） | 从右到左 |
| 14 | 后级运算符 | ()、[]、－> | 从左到右 |

**注意**：优先级值越大，表示优先级越高。

理解运算符的优先级对于编写正确的表达式和避免错误非常重要。在实际编程中，建议使用括号明确指定运算顺序，以提高代码的可读性和可维护性，代码如下：

```go
//unit4/6.运算符优先级.go
package main

import "fmt"

func main() {
    var a, b, c int = 10, 5, 3

    result1 := a + b * c            //乘法优先级高于加法
    fmt.Println("结果 1:", result1)   //25

    result2 := (a + b) * c          //使用括号改变优先级
    fmt.Println("结果 2:", result2)   //45

    result3 := a > b && c < b       //逻辑运算符优先级低于比较运算符
    fmt.Println("结果 3:", result3)   //true

    result4 := a + b == c * b       //等号运算符优先级低于算术运算符
    fmt.Println("结果 4:", result4)   //true
}
```

# 第 5 章

# 流 程 控 制

流程控制是 Go 语言中必不可少的一部分,也是整个编程基础的重要一环。Go 语言的流程控制语句和其他编程语言的流程控制语句有些不同,主要体现在 Go 语言没有 while 和 do-while 语句。

Go 语言常用的流程控制包括 if 语句、switch 语句、for 语句及 goto 语句等,switch 语句和 goto 语句主要是为了简化代码、降低代码重复率,属于扩展类的流程控制语句。

4min

## 5.1 条件判断

在 Go 语言中,if 语句主要用于条件判断。if 语句还有两个分支结构:if-else 语句和 else-if 语句。

### 5.1.1 if 单分支

在 Go 语言中,关键字 if 是用于判断某个条件(布尔型或逻辑型)的语句,如果该条件成立,则会执行 if 后由花括号"{}"括起来的代码块,否则就忽略该代码块继续执行后续的代码,伪代码如下:

```
if 条件表达式 {
    代码块
}
```

if 语句的流程图如图 5-1 所示。

例如使用 if 语句判断一个变量的大小:

```
var a int = 20
if a < 30 {
    fmt.Printf("a 小于 30\n")
}
fmt.Printf("a 的值为 % d\n", a)
```

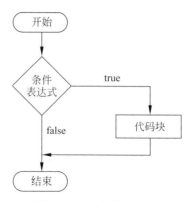

图 5-1 if 语句的流程图

这时可以使用输入函数动态地进行判断,代码如下:

```go
//unit5/if 语句/1.if 单分支.go
package main

import "fmt"

func main() {
    var a int

    fmt.Printf("输入一个数字:")
    _, err := fmt.Scanf("%d", &a)
    if err != nil {
        fmt.Println("输入的数字错误")
        return
    }

    fmt.Printf("你输入的值是 %d\n", a)

    if a < 30 {
        fmt.Println("a 小于 30")
    }
}
```

## 5.1.2 if-else 双分支

if 语句后可以使用可选的 else 语句,else 语句中的表达式在条件表达式为 false 时执行,if 和 else 后的两个代码块是相互独立的分支,只能执行其中的一个,伪代码如下:

```go
if 条件表达式 {
    代码块 1
} else {
    代码块 2
}
```

if-else 双分支的流程图如图 5-2 所示。

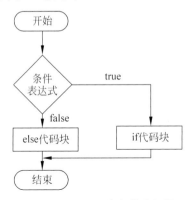

图 5-2　**if-else 双分支的流程图**

示例代码如下：

```go
//unit5/if语句/2.if-else双分支.go
package main

import "fmt"

func main() {
    var day int

    fmt.Printf("几天周几:")
    _, err := fmt.Scanf("%d", &day)
    if err != nil {
        fmt.Println("输入的数字错误")
        return
    }

    if day >= 1 && day <= 5 {
        fmt.Println("今天是工作日")
    }else {
        fmt.Println("今天是休息日")
    }
}
```

## 5.1.3　if-else-if 多分支

除了可以直接使用 if-else 双分支语句，还可以在 else 后面继续增加 if 条件判断，语法如下：

```go
if 条件表达式1 {
    //当条件表达式1为true时执行
} else if 条件表达式2 {
    //当条件表达式2为true时执行
```

```
} else {
    //当条件表达式1和2都不为true时执行
}
```

示例代码如下：

```
//unit5/if语句/3.if-else-if多分支.go
package main

import "fmt"

func main() {
    score := 80
    if score >= 90 {
        fmt.Println("优秀")
    } else if score >= 80 {
        fmt.Println("良好")
    } else {
        fmt.Println("一般")
    }
}
```

if-else-if多分支的流程图如图5-3所示。

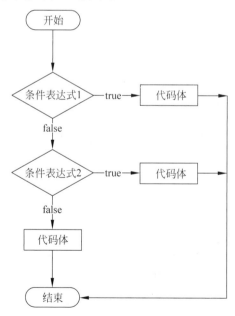

图5-3　if-else-if多分支的流程图

## 5.1.4　if嵌套

if嵌套表示可以在if语句块中继续添加if判断，语法如下：

```
if 条件表达式 1 {
    if 条件表达式 2 {
        //当条件表达式 2 为 true 时执行
    } else {
        //当条件表达式 2 为 false 时执行
    }
} else {
    //当条件表达式 1 为 false 时执行
}
```

示例代码如下:

```go
//unit5/if 语句/4.if 嵌套.go
package main

import "fmt"

func main() {
    score := 90
    if score >= 90 {
        if score >= 95 {
            fmt.Println("非常优秀")
        } else {
            fmt.Println("优秀")
        }
    } else {
        fmt.Println("一般")
    }
}
```

if 嵌套也可以无限制地嵌套,但是在实际开发中同样不建议嵌套太多层。

## 5.1.5 知识扩展——卫语句

万能的 if-else 语句,仿佛任何需求都能够满足,也是写代码常用的一种语句,有很多复杂的业务嵌套了无数个 if-else 语句,例如图 5-4 中让人头疼的 if 语句,应该如何优化呢?

卫语句就是把复杂的条件表达式拆分成多个条件表达式,减少嵌套。将嵌套了好几层的 if-else 语句,转换为多个 if 语句,实现它的逻辑,这多条的 if 语句就是卫语句。

卫语句将某些关键条件优先判断,简化程序流程走向。卫语句往往用于对 if 条件嵌套代码的优化。

在《阿里巴巴 Java 开发手册》中强制规定:超过 3 层的 if-else 的逻辑判断代码可以使用卫语句、策略模式、状态模式等来实现,其中卫语句即代码逻辑先考虑失败、异常、中断、退出等直接返回的情况,以方法多个出口的方式,解决代码中判断分支嵌套的问题,这是逆向思维的体现。

```
if (a == 200) {
        return "请求成功"
    } else {
        if (a == 400) {
            return "错误的请求"
        } else {
            if (a == 404) {
                return "没有找到访问页"
            } else {
                if (a == 409) {
                    return "登录冲突，请刷新页面再登录"
                } else {
                    if (a == 460) {
                        return "请刷新页面再登录"
                    } else {
                        if (a == 461) {
                            return "请刷新页面再登录"
                        } else {
                            if (a == 462) {
                                return "请刷新页面再登录"
                            } else {
                                if (a == 463) {
                                    return "无效的查询参数"
                                } else {
                                    if (a == 464) {
                                        return "缺失数据"
```

图 5-4　多层 if 嵌套语句

例如分数得分示例，不使用卫语句如下：

```go
//unit5/if 语句/5.卫语句.go
package main

import "fmt"

func main() {
    var scope int

    fmt.Printf("输入你的分数:")
    _, err := fmt.Scanf(" % d", &scope)
    if err != nil {
        fmt.Println("输入的分数错误")
        return
    }

    if scope >= 80 {
        if scope >= 90 {
            fmt.Println("A")
        }else {
            fmt.Println("B")
        }
    }else {
        if scope >= 60 {
            fmt.Println("C")
        }else {
```

```
            fmt.Println("D")
        }
    }

}
```

使用卫语句如下：

```
//unit5/if 语句/5.卫语句.go
package main

import "fmt"

func main() {
    var scope int

    fmt.Printf("输入你的分数:")
    _, err := fmt.Scanf(" % d", &scope)
    if err != nil {
        fmt.Println("输入的分数错误")
        return
    }

    if scope >= 90 {
        fmt.Println("A")
        return
    }
    if scope >= 80 {
        fmt.Println("B")
        return
    }
    if scope >= 60 {
        fmt.Println("C")
        return
    }
    fmt.Println("D")
}
```

## 5.2 switch 语句

switch 语句是根据变量的值执行不同的 case，在执行的过程中会从第 1 个 case 开始判断，直到碰到一个符合条件的 case 为止，然后执行该 case 中的语句，语法如下：

```
switch 变量 {
    case 变量 1:
        //当变量和变量 1 相等时执行
    case 变量 2:
```

```
            //当变量和变量 2 相等时执行
        default:
            //当没有符合的 case 时执行
    }
```

示例代码如下：

```
//unit5/switch 语句/6. switch 语句.go
package main

import "fmt"

func main() {
    var day int

    fmt.Printf("几天周几:")
    _, err := fmt.Scanf(" % d", &day)
    if err != nil {
        fmt.Println("输入的数字错误")
        return
    }

    switch day {
    case 1,2,3,4,5:
        fmt.Println("工作日")
    case 6,7:
        fmt.Println("周末")
    default:
        fmt.Println("错误的时间")
    }

}
```

switch 语句的主要特点如下：

（1）switch 和 if 语句一样，switch 后面可以带一个可选的简单的初始化语句。

（2）switch 后面的表达式也是可选的，如果没有表达式，则 case 子句是一个布尔表达式，而不是一个值，此时就相当于多重 if-else 语句。

（3）switch 条件表达式的值不像 C 语言那样必须限制为整数，可以是任意支持相等比较运算的类型变量。

（4）通过 fallthough 语句来强制执行下一个 case 子句（不再判断下一个 case 子句的条件是否满足）。

（5）switch 支持 default 语句，当所有的 case 分支都不符合时，执行 default 语句，并且 default 语句可以放到任意位置，并不影响 switch 的判断逻辑。

（6）switch 和.(type)结合可以进行类型的查询。

在默认情况下，匹配到一个 case 之后整个 switch 语句就会结束，其他的 case 条件就不会参与下次匹配，如果需要执行后面的 case，则可以使用 fallthrough 关键字，使用 fallthrough

之后 switch 便不会退出,代码如下:

```
//unit5/switch 语句/7.fallthrough.go
package main

import "fmt"

func main() {
    a : = 11
    //没有 fallthrough
    switch {
    case a > 5:
        fmt.Println("a 大于 5")
    case a > 10:
        fmt.Println("a 大于 10")
    }
    fmt.Println(" ====== ")
    //有 fallthrough
    switch {
    case a > 5:
        fmt.Println("a 大于 5")
        fallthrough
    case a > 10:
        fmt.Println("a 大于 10")
    }
}
```

## 5.3 循环语句

7min

在不少实际问题中有许多具有规律性的重复操作,因此在程序中就需要重复执行某些语句。

for 循环是一个循环控制结构,可以执行指定次数的循环。

Go 语言的 for 循环有 4 种模式,分别是标准 for 循环模式、while 模式、do-while 模式、for range 模式。

### 5.3.1 标准 for 循环

5min

for 循环的语法如下:

```
for init; condition; post { }
```

其中,init 表示初始化条件,condition 表示条件,post 表示赋值表达式。

例如,以从 1 加到 5 为例,使用标准 for 循环实现,代码如下:

```
//unit5/for 循环/标准 for 循环.go
package main
```

```
import "fmt"

func main() {
    var sum = 0                          //定义一个用于求和的变量
    for i := 0; i <= 5; i++{
        sum += i
    }
    fmt.Println(sum)                     //15
}
```

以下是详细执行过程分析：

（1）定义一个 sum 变量，用于把每次循环的结果相加。

（2）定义一个变量 i 并赋值为 0，进入循环将 i 的值追加到 sum 变量中，然后 i 自增 1。

（3）此时 i 等于 1，判断 i 的值是否小于或等于 5，如果条件成立，则继续进入循环，循环往复直到 i 等于 6；如果条件不成立，则结束循环，输出 sum 变量。

## 5.3.2　while 模式的 for 循环

while 模式下的 for 循环，只需一个条件，如果条件成立，则执行循环体；如果条件不成立，则结束循环，语法如下：

```
for condition { }
```

以 1 加到 100 为例，使用 while 模式的 for 循环，代码如下：

```
//unit5/for 循环/while 型 for 循环.go
package main

import "fmt"

func main() {
    var sum = 0                          //定义一个用于求和的变量
    var i = 0
    for i <= 100 {
        sum += i
        i++
    }
    fmt.Println(sum)                     //5050
}
```

## 5.3.3　do-while 模式的 for 循环

do-while 模式下的 for 循环没有条件，结束循环的条件在循环体中编写，语法如下：

```
for { }
```

以 1 加到 100 为例，使用 do-while 模式的 for 循环，代码如下：

```go
//unit5/for循环/do while型for循环.go
package main

import "fmt"

func main() {
    var sum = 0          //定义一个用于求和的变量
    var i = 0
    for {
        if i > 100 {
            //当i大于100时结束循环
            break
        }
        sum += i
        i++
    }
    fmt.Println(sum)     //5050
}
```

当循环体内没有条件结束循环时程序就会不停地执行循环体中的代码,在计算机中称为"死循环"。

下例是不断打印当前时间的死循环,代码如下:

```go
//unit5/for循环/死循环.go
package main

import (
    "fmt"
    "time"
)

func main() {
    for {
        time.Sleep(1 * time.Second)                              //程序等待1s
        fmt.Println(time.Now().Format("2006 - 01 - 02 15:04:05"))  //年月日时分秒格式的时间
    }
}
```

3min

### 5.3.4　for range 模式的 for 循环

用于遍历 slice(切片)、map、数组、字符串等数据类型,格式如下:

```go
for key, value : = range iteration {}
```

当循环 slice、数组、字符串等数据类型时,key 为当前元素的索引,代码如下:

```go
var slice = []string{"A", "B", "C"}
for index, item : = range slice {
```

```
        fmt.Printf("元素值 %s,索引:%d\n", item, index)
    }
```

当循环 map 类型时,代码如下:

```
var maps = map[string]any{"name": "枫枫", "age": 25}
for key, value := range maps {
    fmt.Printf("元素值 %v, key:%s\n", value, key)
}
```

### 5.3.5 break 语句

3min

在 Go 语言中,break 语句用于终止当前循环或者 switch 语句的执行,并跳出该循环或者 switch 语句的代码块。

例如循环 10 个数字,但是只需前 3 个数,代码如下:

```
//unit5/for 循环/break.go
package main

import "fmt"

func main() {
    for i := 1; i < 11; i++{
        fmt.Println(i)
        if i == 3 {
            break
        }
    }
}
```

### 5.3.6 continue 语句

Go 语言的 continue 语句有点像 break 语句,但是 continue 不是跳出循环,而是跳过当前循环执行下一条循环语句。

例如循环 10 个数字,只需其中的偶数,代码如下:

```
//unit5/for 循环/continue.go
package main

import "fmt"

func main() {
    for i := 1; i < 11; i++{
        //任何数对 2 取余
        //如果结果为 0,则表示是 2 的倍数
        if i%2 != 0 {
```

```
        continue
    }
    fmt.Println(i)
    }
}
```

### 5.3.7　多重循环

Go 语言允许用户在循环内使用循环,需要注意的是,break 只能跳出当前 for 循环,不能跳出多个 for 循环。

例如打印九九乘法表,代码如下:

```
//unit5/for 循环/九九乘法表.go
package main

import "fmt"

func main() {
    for m : = 1; m < 10; m++{
        for n : = 1; n <= m; n++{
            fmt.Printf(" % dx % d = % d ", n, m, m * n)
        }
        fmt.Println()
    }
}
```

输出结果如图 5-5 所示。

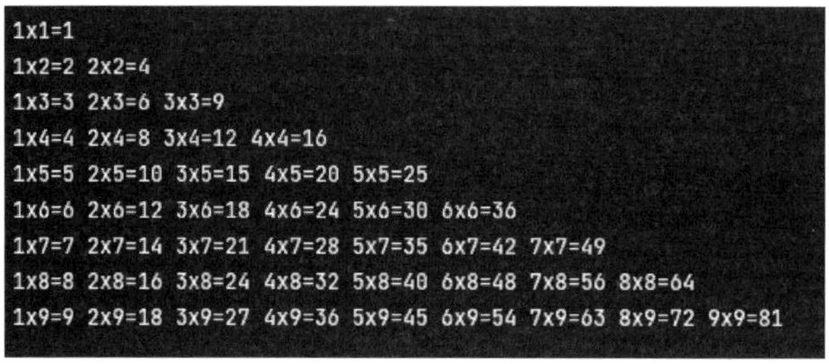

```
1x1=1
1x2=2 2x2=4
1x3=3 2x3=6 3x3=9
1x4=4 2x4=8 3x4=12 4x4=16
1x5=5 2x5=10 3x5=15 4x5=20 5x5=25
1x6=6 2x6=12 3x6=18 4x6=24 5x6=30 6x6=36
1x7=7 2x7=14 3x7=21 4x7=28 5x7=35 6x7=42 7x7=49
1x8=8 2x8=16 3x8=24 4x8=32 5x8=40 6x8=48 7x8=56 8x8=64
1x9=9 2x9=18 3x9=27 4x9=36 5x9=45 6x9=54 7x9=63 8x9=72 9x9=81
```

图 5-5　九九乘法表

# 第6章

CHAPTER 6

# 数组、切片、Map

Go 语言提供了数组、切片和 Map 这 3 种重要的数据结构。数组是具有固定长度的数据集合，切片则是动态数组，长度可以动态调整，而 Map 则是键-值对的集合。这些数据结构在 Go 语言中被广泛应用，能够满足不同的需求。熟练掌握这些数据结构的特性和用法，可以帮助开发人员更高效地处理数据和逻辑。

## 6.1 数组

数组是具有相同唯一类型的一组已编号且长度固定的数据项序列，这种类型可以是任意的原始类型，例如整型、字符串或者自定义类型。

### 6.1.1 声明数组

声明一个数组，语法格式如下：

3min

```
var arrayName [size]dataType
```

其中，arrayName 是数组的名称，size 是数组的大小，dataType 是数组中元素的数据类型。

只声明但未赋值的数组会使用对应类型的零值进行默认初始化，代码如下：

```go
//unit6/数组/1.声明数组.go
package main

import "fmt"

func main() {
    //创建一个全数字的数组
    var numArray [4]int
    fmt.Println(numArray)          //[0 0 0 0]
    //创建一个全 bool 的数组
    var boolArray [3]bool
    fmt.Println(boolArray)         //[false false false]
}
```

### 6.1.2　初始化数组

初始化数组可通过初始化列表来指定数组元素的值,初始化列表使用花括号"{}"来包含数组元素,代码如下:

```
var numArray1 = [3]int{1, 2, 3}
fmt.Println(numArray1)                //[1 2 3]
```

当给初始化列表赋值时,可以仅指定部分元素的值,其余元素则默认初始化为 0 或空字符串等。在下面的示例代码中,声明了含有 5 个元素的整型数组,但仅仅给出了前 3 个元素的值。此时,最后两个元素的值为 0,代码如下:

```
var numArray2 = [3]int{1}
fmt.Println(numArray2)                //[1 0 0] 剩下部分用零值赋值
```

也可以不指定数组的大小,而让编译器根据初始化列表自动进行推断。此时,"[]"中可以使用符号"..."代替数字,代码如下:

```
var numArray3 = [...]int{1, 2, 3}
fmt.Println(numArray3)                //[1 2 3]
```

初始化数组的完整代码如下:

```
//unit6/数组/2.初始化数组.go
package main

import "fmt"

func main() {
    //1.先声明再赋值
    var numArray [3]int
    numArray = [3]int{1, 2, 3}
    fmt.Println(numArray)            //[1 2 3]

    //2.声明并赋值
    var numArray1 = [3]int{1, 2, 3}
    fmt.Println(numArray1)           //[1 2 3]

    //3.赋一部分值
    var numArray2 = [3]int{1}
    fmt.Println(numArray2)           //[1 0 0] 剩下部分用零值赋值

    //4.使用"..."赋值
    var numArray3 = [...]int{1, 2, 3}
    fmt.Println(numArray3)           //[1 2 3]
}
```

4min

## 6.1.3 数组索引

每个数组元素都有它对应的位置编号,代码如下:

```go
var array = [4]string{"A", "B", "C", "D"}
```

字符串 A 对应的索引为 0,以此类推,B 的索引为 1,D 的索引为 3,需要注意的是,索引是从 0 开始的,如图 6-1 所示。

图 6-1 数组索引图解

有了数组索引,就能取到对应索引位的元素,例如取 B 元素,代码如下:

```go
//unit6/数组/3.数组索引.go
package main

import "fmt"

func main() {
    var array = [4]string{"A", "B", "C", "D"}
    //获取 B元素
    fmt.Println(array[1])              //B
    //获取第 1 个元素
    fmt.Println(array[0])              //A
    //获取最后一个元素
    fmt.Println(array[len(array) - 1])   //D
}
```

## 6.1.4 修改数组元素

通过索引找到元素进行修改即可,代码如下:

```go
//unit6/数组/4.数组元素修改.go
package main

import "fmt"

func main() {
    var array = [4]string{"A", "B", "C", "D"}
    fmt.Println(array)                //[A B C D]

    //将 A 修改为 Apple
```

```
array[0] = "Apple"

//将 B 修改为 Banana
array[1] = "Banana"

fmt.Println(array)                //[Apple Banana C D]
}
```

## 6.1.5　遍历数组

遍历数组有两种模式,一种是标准 for 循环,另一种是 for range 型。

### 1. 标准 for 循环遍历数组

循环结束的判断条件是索引达到数组的长度,代码如下:

```
//unit6/数组/5.标准 for 循环遍历数组.go
package main

import "fmt"

func main() {
    var array = [4]string{"A", "B", "C", "D"}
    for i := 0; i < len(array); i++{
            fmt.Printf("数组索引: %d 数组元素: %s\n", i, array[i])
    }
    //输出如下
    //数组索引: 0  数组元素: A
    //数组索引: 1  数组元素: B
    //数组索引: 2  数组元素: C
    //数组索引: 3  数组元素: D
}
```

**注意**:在根据索引获取数组元素时,索引如果超过数组元素的长度,则会引发一个 runtime error 错误,如图 6-2 所示。

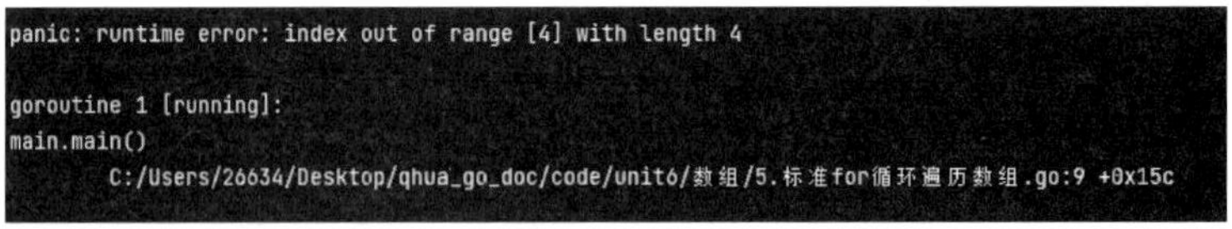

```
panic: runtime error: index out of range [4] with length 4

goroutine 1 [running]:
main.main()
        C:/Users/26634/Desktop/qhua_go_doc/code/unit6/数组/5.标准for循环遍历数组.go:9 +0x15c
```

图 6-2　数组索引越界错误

### 2. for range 遍历数组

通常情况下,使用标准 for 循环遍历数组,需要开发者自行处理边界问题,相对来讲较为麻烦,在 Go 语言中提供了 for range 遍历数组,可大大地简化代码,代码如下:

```
//unit6/数组/6.for range 遍历数组.go
package main

import "fmt"

func main() {
    var array = [4]string{"A", "B", "C", "D"}
    for i, s := range array {
        fmt.Printf("数组索引: %d 数组元素: %s\n", i, s)
    }
    //输出如下
    //数组索引: 0   数组元素: A
    //数组索引: 1   数组元素: B
    //数组索引: 2   数组元素: C
    //数组索引: 3   数组元素: D
}
```

## 6.2 切片

Go 语言中数组的长度不可改变,在特定场景中这样的数组不太适用,Go 语言中提供了一种灵活且功能强悍的内置类型切片"动态数组",与数组相比,切片的长度是不固定的,可以追加元素,在追加时可能会使切片的容量增大。

### 6.2.1 什么是切片

通俗来讲,切片是由数组切片而来的,代码如下:

```
var array = []string{"A", "B", "C", "D"}
var slice1 = array[1:2]
fmt.Println(slice1)            //[B]
var slice2 = array[1:3]
fmt.Println(slice2)            //[B C]
```

由于切片的取值范围是数学上的前闭后开,所以 array[1:2] 的结果是[B],如图 6-3 所示。

还有一个更通俗的理解,那就是把其中的数字当作间隙,array[1:2] 对应的元素就是[B],如图 6-4 所示。

### 6.2.2 切片的创建和初始化

在 Go 语言中可以通过多种方式创建和初始化切片。

**1. 通过 make()函数创建切片**

使用 Go 语言内置的 make() 函数创建切片,第 1 个参数为切片类型,第 2 个参数是切片长度,第 3 个参数是切片容量,代码如下:

▶ 6min

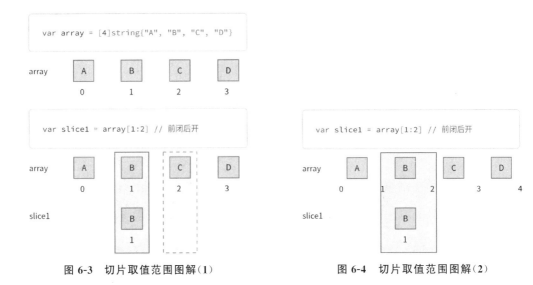

图 6-3　切片取值范围图解(1)　　　　　图 6-4　切片取值范围图解(2)

```
//unit6/切片/make 函数创建切片.go
package main

import "fmt"

func main() {
    //指定切片的长度和容量
    var slice = make([]int, 5, 10)

    //输出切片的长度和容量
    fmt.Println(slice, len(slice), cap(slice))        //[0 0 0 0 0] 5 10

    //只指定切片的长度,容量等于长度
    var slice1 = make([]int, 5)

    //输出切片的长度和容量
    fmt.Println(slice1, len(slice1), cap(slice1))      //[0 0 0 0 0] 5 5
}
```

## 2. 通过字面量创建切片

另一种常用的创建切片的方法是使用切片字面量,这种方法和创建数组类似,只是不需要指定"[]"运算符里的值。初始的长度和容量会基于初始化时提供的元素的个数确定,代码如下:

```
//unit6/切片/字面量创建切片.go
package main

import "fmt"
```

```
func main() {
    //长度和容量都是 3 的切片
    var slice []int = []int{1, 2, 3}
    fmt.Println(slice, len(slice), cap(slice))        //[1 2 3] 3 3

    //简短赋值
    slice1 := []int{1, 2, 3}
    fmt.Println(slice1, len(slice1), cap(slice1))      //[1 2 3] 3 3
}
```

### 3. 区分数组和切片的声明方式

当使用字面量来声明切片时,其语法与使用字面量声明数组非常相似。二者的区别是:如果在"[]"运算符里指定了一个值,则创建的就是数组而不是切片。只有在"[]"中不指定值时,创建的才是切片,代码如下:

```
//unit6/切片/数组与切片.go
package main

import "fmt"

func main() {
    //创建有 3 个元素的数组
    myArray := [3]int{1, 2, 3}
    fmt.Println(myArray)            //[1 2 3]

    //创建长度和容量都是 3 的切片
    mySlice := []int{1, 2, 3}
    fmt.Println(mySlice)            //[1 2 3]
}
```

## 6.2.3 nil 和空切片

有时程序可能需要声明一个值为 nil 的切片(也称 nil 切片)。只要在声明时不做任何初始化,就会创建一个 nil 切片,代码如下:

```
var slice []int
fmt.Println(slice == nil)          //true
```

空切片和 nil 切片稍有不同,nil 切片与 nil 判断结果为 true,而空切片与 nil 判断结果为 false,代码如下:

```
//unit6/切片/nil 切片.go
package main

import "fmt"

func main() {
```

```
//nil 切片
var slice []int
fmt.Println(slice == nil, len(slice), cap(slice))          //true 0 0

//通过 make 函数创建的空切片
var slice1 = make([]int, 0)
fmt.Println(slice1 == nil, len(slice1), cap(slice1))       //false 0 0

//通过字面量创建的空切片
var slice2 = []int{}
fmt.Println(slice2 == nil, len(slice2), cap(slice2))       //false 0 0
}
```

不管是使用 nil 切片还是空切片,对其调用内置函数 append()、len()和 cap()的效果都是一样的。

主要区别体现在转 JSON 之后,nil 切片得到的是 null 对象,而空切片得到的是"[]",代码如下:

```
//unit6/切片/nil 切片和空切片.go
package main

import (
    "encoding/json"
    "fmt"
)

func main() {
    var slice []int
    //转 JSON
    data, _ := json.Marshal(slice)
    fmt.Println(string(data))                    //null

    //通过 make 函数创建的空切片
    var slice1 = make([]int, 0)
    data, _ = json.Marshal(slice1)
    fmt.Println(string(data))                    //[]
}
```

## 6.2.4　为切片中的元素赋值

对切片里某个索引指向的元素赋值和对数组里某个索引指向的元素赋值的方法完全一样。使用"[]"操作符就可以改变某个元素的值,下面是使用切片字面量来声明切片:

```
//unit6/切片/切片赋值.go
package main

import "fmt"
```

```
func main() {
    mySlice := []string{"A", "B", "C", "D"}
    //改变索引为 0 元素的值
    mySlice[0] = "Apple"
    fmt.Println(mySlice)                //[Apple B C D]
}
```

## 6.2.5　通过切片创建新的切片

切片之所以被称为切片，是因为创建一个新的切片，也就是把底层数组切出一部分。通过切片创建新切片的语法如下：

```
slice[i:j]
```

其中，i 表示从 slice 的第几个元素开始切，j 表示切到第几个元素。以下是几种常见的简写形式，代码如下：

```
slice[i:]                              //从 i 切到最尾部
slice[:j]                              //从最开头切到 j(不包含 j)
slice[:]                               //从头切到尾,等价于复制整个 slice
```

通过下面这个示例，理解切片创建新的切片的本质，代码如下：

```
//unit6/切片/切片创建切片.go
package main

import "fmt"

func main() {
    mySlice := []string{"A", "B", "C", "D"}

    //从索引为 2 的地方切到尾部,左含
    fmt.Println(mySlice[2:])           //[C D]

    //从首部切到索引为 2 的地方,右不含
    fmt.Println(mySlice[:2])           //[A B]

    //从索引为 1 的地方切到索引为 2 的地方,左含右不含
    fmt.Println(mySlice[1:2])          //[B]

    //从头切到尾
    fmt.Println(mySlice[:])            //[A B C D]
}
```

如果不清楚截取到哪一个元素，就记住截取新切片时的原则是"左含右不含"。以 mySlice[2:]为例，索引为 2 的元素是 C，结合"左含"所以最终切出来的切片就是[C D]。

### 6.2.6　遍历切片

切片是一个集合,可以迭代其中的元素。Go 语言中有个特殊的关键字 range,它可以配合关键字 for 来迭代切片里的元素,代码如下:

```go
//unit6/切片/遍历切片.go
package main

import "fmt"

func main() {
    mySlice : = []string{"A", "B", "C", "D"}
    for i, s : = range mySlice {
        //其中 i 是索引,s 是元素
        fmt.Printf("元素 %s, 索引:%d\n", s, i)
    }
    //输出
    //元素 A, 索引:0
    //元素 B, 索引:1
    //元素 C, 索引:2
    //元素 D, 索引:3
}
```

### 6.2.7　append()函数

3min

append()是 Go 语言中的一个内置函数,用于向切片追加元素。append()函数会在现有切片的末尾添加新的元素,并返回一个新的切片,其中包含了添加元素后的结果。

append()函数的语法如下:

```go
func append(s []T, x ...T) []T
```

其中,s 是要追加元素的切片,x 是要添加的元素。x 既可以是单个元素,也可以是多个元素(通过变参语法...T 来表示)。append()函数会将元素 x 添加到切片 s 的末尾,并返回一个新的切片,其中包含添加元素后的结果,代码如下:

```go
//unit6/切片/append 追加元素.go
package main

import "fmt"

func main() {
    mySlice : = []string{"A", "B"}

    //追加一个元素
```

```
    mySlice = append(mySlice, "C")
    fmt.Println(mySlice)                      //[A B C]

    //追加多个元素
    mySlice = append(mySlice, "D", "E")
    fmt.Println(mySlice)                      //[A B C D E]

    //追加一个切片
    mySlice = append(mySlice, []string{"F", "G"}...)
    fmt.Println(mySlice)                      //[A B C D E F G]
}
```

append()函数除了可以追加元素,还可用来实现删除元素功能,代码如下:

```
//unit6/切片/append 删除元素.go
package main

import "fmt"

func main() {
    mySlice := []string{"A", "B", "C", "D"}

    //删除索引为 2 的元素
    index := 2
    slice := append(mySlice[:index], mySlice[index+1:]...)
    fmt.Println("删除元素后的切片:", slice)              //[A B D]
}
```

## 6.2.8　切片的底层原理

首先要知道在 Go 语言中,切片的底层实际就是数组。

### 1. 切片的长度

切片的长度指切片中元素的数量,可以使用 len()函数查询其切片的长度,代码如下:

```
mySlice := []string{"A", "B", "C", "D"}
fmt.Println(len(mySlice))              //4
```

### 2. 切片的容量

切片的容量是指切片底层数组的长度,可以使用 cap()函数查看容量,代码如下:

```
mySlice := []string{"A", "B", "C", "D"}
fmt.Println(cap(mySlice))              //4
```

### 3. 如何实现动态扩容

当使用 append()函数给切片动态追加元素时,切片的长度和容量如何变化? 代码如下:

```
//unit6/切片/切片底层.go
package main

import "fmt"

func main() {
    mySlice : = []string{"A", "B"}
    fmt.Println(len(mySlice), cap(mySlice))              //2,2

    mySlice = append(mySlice, "C")
    fmt.Println(len(mySlice), cap(mySlice))              //3,4 容量扩充了一倍

    mySlice = append(mySlice, "D", "E")
    fmt.Println(len(mySlice), cap(mySlice))              //5,8 容量扩充了一倍

    mySlice = append(mySlice, "F", "G", "H", "I")
    fmt.Println(len(mySlice), cap(mySlice))              //9,16 容量又扩充了一倍
}
```

当切片的元素长度超过了默认的容量之后,程序会重新创建一个底层数组和切片绑定,并且新的数组的长度为原来的两倍,即切片的容量变成原来的两倍。

具体的扩容规则在不同的 Go 版本之间有细微差异,具体差异如下。

1) Go 1.18 版本以前

(1) 如果原有切片的长度小于 1024,则新的切片容量会直接扩展为原来的两倍。

(2) 如果原有切片的长度大于或等于 1024,则新的切片容量会扩展为原来的 1.25 倍,这一过程可能需要执行多次才能达到期望的容量。

(3) 如果切片属于第 1 种情况(长度小于 1024)并且需要扩容的容量小于 1024 字节,则新的切片容量会直接增加到原来的长度加上需要扩容的容量。

2) Go 1.18 版本以后

(1) 当预期的容量要大于原容量的两倍时,新的容量就是预期的容量。

(2) 当预期的容量小于或等于原容量的两倍时,如果原容量小于 256,则新的容量就是原来的两倍;当原容量大于或等于 256 时,每次会扩容原来容量的 1.25 倍加上 192,直到新的容量大于或等于预期容量。

(3) 实际申请的内存不是严格按照上面的规则执行的,会有一个随机数的叠加操作,如图 6-5 所示,这部分源码在 GitHub Go 源码的 src/runtime/slice.go 文件中,从 177 行开始。

```
209            switch {
210            case et.Size_ == 1:
211                    lenmem = uintptr(oldLen)
212                    newlenmem = uintptr(newLen)
213                    capmem = roundupsize(uintptr(newcap), noscan)
214                    overflow = uintptr(newcap) > maxAlloc
215                    newcap = int(capmem)
216            case et.Size_ == goarch.PtrSize:
217                    lenmem = uintptr(oldLen) * goarch.PtrSize
218                    newlenmem = uintptr(newLen) * goarch.PtrSize
219                    capmem = roundupsize(uintptr(newcap)*goarch.PtrSize, noscan)
220                    overflow = uintptr(newcap) > maxAlloc/goarch.PtrSize
221                    newcap = int(capmem / goarch.PtrSize)
222            case isPowerOfTwo(et.Size_):
223                    var shift uintptr
224                    if goarch.PtrSize == 8 {
225                            // Mask shift for better code generation.
226                            shift = uintptr(sys.TrailingZeros64(uint64(et.Size_))) & 63
227                    } else {
228                            shift = uintptr(sys.TrailingZeros32(uint32(et.Size_))) & 31
229                    }
```

图 6-5　Go 切片扩容源码部分

## 6.3　map

map 这个数据结构在实际开发中经常使用，存储的是键-值对。在 C++/Java 当中叫作 map，在 Python 中叫作 dict（字典）。这些数据结构的名称虽然不尽相同，背后的技术支撑 也不一定一样，例如 C++ 的 map 是通过红黑树实现的，Java 中的 hashmap 则是通过哈希表 实现的，但是使用起来的方法却差不多，除了 Java 是通过 GET 方法获取键值，C++、Python 和 Go 都是通过方括号获取的。

### 6.3.1　map 的声明与初始化

7min

Go 语言中的 map 声明非常简单，使用 map 关键字表示声明一个 map，然后在方括号 内填上 key 的类型，key 的类型只能是基本类型；在方括号外填上 value 的类型，可以是任 何类型，代码如下：

```go
//unit6/map/声明和初始化.go
package main

func main() {
    //key 是 string 类型,value 也是 string 类型
    var m1 map[string]string

    //key 是 int,value 是 string
    var m2 map[int]string
```

```
        //value 的类型可以是任意类型
        var m3 map[bool][]string

        //key 的类型只能是基本类型
        //var m4 map[[]string][]string              //错误
}
```

需要注意的是,这样声明的 map 值是 nil,对它进行任何操作都会触发一个 panic 错误,代码如下:

```
//unit6/map/nil map.go
package main

import "fmt"

func main() {
    var m1 map[string]string

    fmt.Println(m1 == nil)                  //true

    //如果设置值,则会触发 panic panic: assignment to entry in nil map
    m1["name"] = "枫枫"
}
```

通常来讲,使用 map 都需要声明和初始化,可以通过 map 初始化或者字面量初始化。

### 1. 通过 map 初始化

使用 Go 语言内置的 make()函数创建 map,参数为 map 类型,代码如下:

```
var m1 = make(map[string]string)
m1["name"] = "枫枫"
fmt.Println(m1)                         //map[name:枫枫]
```

### 2. 通过字面量初始化

使用字面量创建 map,这个操作同样很实用,代码如下:

```
var m2 = map[string]string{}
m2["name"] = "枫枫"
fmt.Println(m2)                         //map[name:枫枫]
```

使用字面量创建 map,还能在创建时进行赋值,代码如下:

```
var m3 = map[string]string{
    "name": "枫枫",
}
fmt.Println(m3)                         //map[name:枫枫]
```

## 6.3.2　map 的增、删、改、查

4min

通过一些很简单的操作,即可完成 map 的增、删、改、查操作。

### 1. 插入和修改

向 map 中插入数据,只需向对应的 key 赋值,如果这个 key 不存在,则创建;如果存在,则进行修改,代码如下:

```
//unit6/map/map插入和修改.go
package main

import "fmt"

func main() {
    var m1 = map[string]string{
        "name": "枫枫",
    }

    //添加
    m1["addr"] = "长沙"
    fmt.Println(m1)            //map[addr:长沙 name:枫枫]

    //修改
    m1["name"] = "小枫"
    fmt.Println(m1)            //map[addr:长沙 name:小枫]
}
```

### 2. 删除

使用 delete() 内置函数即可删除对应的键-值对,代码如下:

```
//unit6/map/map删除.go
package main

import "fmt"

func main() {
    var m1 = map[string]string{
        "name": "枫枫",
    }

    fmt.Println(m1)            //map[name:枫枫]

    //删除 name 对应的键-值对
    delete(m1, "name")
    fmt.Println(m1)            //map[]

    //即使删除不存在的 key 也不会报错
    delete(m1, "addr")

}
```

### 3. 查询

通过 map[key]的方式访问 map 中的元素将会得到两个值,如果 map 中存在对应 key 的键-值对,则第 1 个值是与 key 对应的 value,第 2 个值为 true;如果 map 中不存在对应 key 值的键-值对,则第 1 个值将是 value 对应类型的默认值,第 2 个值为 false。也可以只用一个变量来接收其返回值,相当于忽略了它的第 2 个返回值,代码如下:

```go
//unit6/map/map 查询.go
package main

import "fmt"

func main() {
    var m1 = map[string]string{
        "name": "枫枫",
    }
    //两个返回值,第 1 个返回值是 key 对应的 value,第 2 个返回值是一个 bool 值,true 表示 key
    //存在,false 表示 key 不存在
    val, ok := m1["name"]
    fmt.Println(val, ok)            //枫枫 true

    val, ok = m1["addr"]
    fmt.Println(val, ok)           //false

    //一个返回值,直接返回 value,如果没有就是对应 value 的零值
    val = m1["name"]
    fmt.Println(val)               //枫枫

    val = m1["addr"]
    fmt.Println(val)               //空

}
```

### 4. 遍历 map

通过 for range 循环的方式对 map 元素进行遍历,代码如下:

```go
//unit6/map/map 遍历.go
package main

import "fmt"

func main() {
    var m1 = map[string]string{
        "name": "枫枫",
        "addr": "长沙",
    }

    //两个值,第 1 个值是 key,第 2 个值是 value
```

```
        for key, value : = range m1 {
            fmt.Println(key, value)
        }

        //一个值,key
        for key : = range m1 {
            fmt.Println(key)
        }

        //输出
        //name 枫枫
        //addr 长沙
        //name
        //addr
    }
```

在 for range 循环中遍历 map 时,每次迭代都会返回两个值,第 1 个是当前键-值对的 key,第 2 个是当前键-值对的 value,当遍历结束后会自动退出 for range 循环,也可以返回一个值,这个值就是 key。

map 中的键-值对是无序的,每次遍历 map 得到的键-值对序列都是不可预测的。

### 5. map 排序

在 Go 语言中,map 是无序的,不支持直接排序,但是可以通过将 map 中的键和值存储到一个切片中,然后使用 sort 包对切片进行排序来实现对 map 的排序,代码如下:

```
//unit6/map/map 排序.go
package main

import (
    "fmt"
    "sort"
)

func main() {
    m1 : = map[int]string{
        4: "D",
        2: "B",
        1: "A",
    }
    //按照 key 升序
    //先把 key 保存到一个切片中
    var keyList []int
    for key : = range m1 {
        keyList = append(keyList, key)
    }
    //切片排序,默认升序
    sort.Ints(keyList)                              //升序
    //sort.Sort(sort.Reverse(sort.IntSlice(keyList)))    //降序
```

```
fmt.Println(keyList)                //[1 2 4]

for _, key : = range keyList {
    fmt.Println(key, m1[key])
}
//输出
//1 A
//2 B
//4 D
}
```

### 6.3.3　map 的底层实现

在 Go 语言中,map 是一个非常强大且普遍使用的数据结构。它提供了高效的键-值对存储和查找功能,然而,其背后的实现细节对于很多开发者来讲可能并不清楚。

#### 1. map 的数据结构

在 Go 语言中,map 是由哈希表实现的。哈希表是一种使用哈希函数将键映射到存储桶的数据结构,如图 6-6 所示。每个桶中都可以存储一个或多个键-值对。

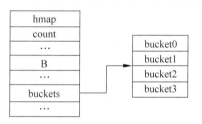

图 6-6　Go 的 map 组成

具体来讲,Go 语言中的 map 由以下几部分组成。

(1) 哈希函数:Go 语言使用的是一种叫作"跳跃哈希"的哈希函数,这种哈希函数可以在哈希表扩容时仅重新哈希部分元素,从而提高了效率。

(2) 存储桶(Bucket):每个存储桶是一个包含 8 个键-值对的数组。如果有冲突(多个键哈希到同一个桶),则在同一个桶中以链表形式存储。

(3) 溢出桶(Overflow Bucket):当存储桶中的元素数量超过 8 个时会创建一个溢出桶来存储额外的元素。

#### 2. map 操作

在 Go 语言的 map 中,主要的操作有插入(或更新)、查找和删除。

(1) 插入操作:首先使用哈希函数计算键的哈希值,然后根据哈希值找到对应的存储桶。如果存储桶已满,就会创建一个新的溢出桶,如图 6-7 所示。

(2) 查找操作:首先使用哈希函数计算键的哈希值,然后根据哈希值找到对应的存储桶。在桶中线性搜索键,如果找到了,就返回对应的值。

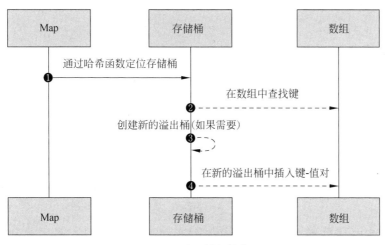

图 6-7　map 插入操作

（3）删除操作：和查找操作类似，首先定位到键所在的存储桶，然后删除对应的键-值对。如果删除后桶中无元素，并且有溢出桶，则会尝试合并溢出桶。

### 3. Map 的动态扩容

当 map 的元素数量超过存储桶数量的负载因子（在 Go 语言中，默认值为 6.5）时，map 会进行扩容。扩容就是创建一个新的、大小是原来两倍的哈希表，然后将旧哈希表的所有元素移动到新哈希表中。

Go 的 map 使用了一种叫作"渐进式哈希"的策略来处理哈希表的扩容问题。这种策略在每次执行插入操作时都会将一部分桶的元素迁移到新哈希表中，这样可以将扩容的代价分摊到多个操作上，避免了一次性扩容带来的大量计算。

# 第 7 章

# 函数与指针

在 Go 语言中,函数是"一等公民",可以被赋值给变量、作为参数传递和作为返回值。函数可以接收参数并返回结果,有助于模块化和重用代码。指针是存储变量内存地址的变量,可以通过指针来直接访问变量的值或修改其内容。将指针作为函数参数传递可以在函数内部直接修改传入的变量。函数与指针的结合可以实现高效的内存管理和数据传递,是 Go 语言中重要的编程概念之一。

## 7.1　函数

函数是编程中不可或缺的组成部分,无论是在 Go 语言还是在其他编程语言中,函数都扮演着重要的角色。函数能够将一系列操作封装在一起,使代码更加模块化、可重用和易于维护。

### 7.1.1　函数定义

2min

在 Go 语言中,定义函数需要按照以下语法:

```
func functionName(parameter1 type1, parameter2 type2) returnType {
    //函数体
    //可以包含一系列语句和操作
    return value            //返回值(如果有)
}
```

其中,各部分的含义如下。

(1) func:关键字,用于定义函数。

(2) functionName:函数名,用于唯一标识该函数。

(3) parameter1,parameter2:参数列表,函数可以接收 0 个或多个参数。每个参数由参数名和参数类型组成,多个参数之间使用逗号分隔。

(4) type1,type2:参数的类型,用于指定参数的数据类型。

（5）returnType：返回类型，用于指定函数的返回值的数据类型。如果函数没有返回值，则返回类型为空。

（6）return value：可选项，用于返回函数的结果。如果函数定义了返回类型，则需要使用return语句将结果返给调用者，代码如下：

```
//unit7/函数/1.函数定义.go
package main

import "fmt"

//add定义了一个两数相加的函数
func add(a1 int, a2 int) int {
    return a1 + a2
}

func main() {
    fmt.Println(add(1, 2))                        //3
}
```

## 7.1.2 函数参数

在Go语言中，函数参数可以是值参数或引用参数。这两种参数类型决定了函数在调用时如何传递参数值及对参数值的修改是否会影响原始数据。

### 1. 值参数

对于值参数而言，其是通过将参数值的副本传递给函数，从而实现数据传递的，因此，函数内部对值参数的修改不会影响原始数据。值参数通常适用于不需要修改原始数据的情况，或者数据量较小的情况，代码如下：

```
//unit7/函数/2.值参数.go
package main

import "fmt"

func double(n int) {
    n = n * 2
    fmt.Println("double func in n: ", n)          //8
}
func main() {
    num := 4
    double(num)
    fmt.Println("执行函数之后,num的值:", num)          //4
}
```

### 2. 引用参数

引用参数是通过将参数的地址传递给函数来进行传递的。这样函数就可以通过指针来

间接地修改原始数据。因为传递指针只需占用较小的内存,所以其通常适用于需要修改原始数据或者数据量较大的场景,代码如下:

```go
//unit7/函数/3.引用参数.go
package main

import "fmt"

func double(n * int) {
    * n = * n * 2
    fmt.Println("double func in n: ", * n)            //8
}
func main() {
    num : = 4
    double(&num)
    fmt.Println("执行函数之后,num 的值:", num)            //8
}
```

这里出现了"＊"和"&"符号,这就是 7.3 节将要学习的指针,指针是一种用于存储变量内存地址的数据类型,在 Go 语言中起着重要的作用。

### 3. 可变参数

Go 语言支持可变参数函数,即函数可以接受可变数量的参数。在 Go 语言中,可变参数函数使用"…"操作符来表示。该操作符放置在参数类型的前面,用于指示该参数可以接受多个值,具体语法如下:

```go
func functionName(param ...Type) {
    //函数体
}
```

其中,param 是可变参数的名称,Type 是可变参数的类型。在函数体内,可以像处理切片一样处理可变参数,使用循环或索引来遍历和访问参数的值,代码如下:

```go
//unit7/函数/4.可变参数.go
package main

import "fmt"

//sum 求和函数,传多少加多少
func sum(numbers ...int) int {
    total : = 0
    for _, num : = range numbers {
        total += num
    }
    return total
}

func main() {
```

```
        fmt.Println(sum(1, 2, 3, 4, 5))          //15
        fmt.Println(sum(1, 2, 3))                //6
        fmt.Println(sum(1, 2))                   //3
}
```

可以使用"…"将切片解构传递给可变参数,代码如下:

```
var slice = []int{1,2,3}
fmt.Println(sum(slice...))
```

### 4. 参数类型简写

如果多个参数的类型是一样的,则可以只写最后一个参数的类型,代码如下:

```
//unit7/函数/5.参数类型简写.go
package main

//3 个参数,标准写法
func addUser(name string, addr string, gender string) {

}

//类型一样,简写
func addUser1(name, addr, gender string) {

}

func main() {
    addUser("枫枫", "长沙", "男")
    addUser1("枫枫", "长沙", "男")
}
```

## 7.1.3　函数返回值

3min

当在 Go 语言中定义函数时,可以指定函数的返回值类型。返回值表示函数执行完毕后返回给调用者的结果。Go 语言中的函数除了可以返回单个值,也支持返回多个值。

### 1. 单返回值

当函数只返回一个值时,在 Go 语言中,可以在函数签名中指定返回值的类型。在函数体内部,使用 return 语句将结果返回给调用者,代码如下:

```
//unit7/函数/6.单返回值.go
package main

import "fmt"

func add(a, b int) int {
    return a + b
}
```

```go
func main() {
    result : = add(3, 5)
    fmt.Println("Result:", result)
}
```

## 2. 多返回值

在 Go 语言中,函数的一个特点便是支持多返回值。在函数定义时,可以指定多个返回值类型,使用逗号分隔,然后在函数体内,使用 return 语句返回多个值,以逗号分隔。最后调用者需要使用对应的变量来接收多个返回值,代码如下:

```go
//unit7/函数/7.多返回值.go
package main

import "fmt"

//返回两数相除之后的商和余数
func divide(a, b int) (int, int) {
    quotient : = a / b
    remainder : = a % b
    return quotient, remainder
}
func main() {
    quotient, remainder : = divide(10, 3)
    fmt.Println("Quotient:", quotient)        //3
    fmt.Println("Remainder:", remainder)      //1
}
```

## 3. 具名返回值

在 Go 语言中,可以对返回值进行命名,这样做可以省去显式返回的烦恼,代码如下:

```go
//unit7/函数/8.具名返回值.go
package main

import "fmt"

func GetUser(id int) (name string) {
    name = "枫枫"               //修改这个变量的值即可改变返回值
    return                     //可以隐式返回
}

func main() {
    name : = GetUser(1)
    fmt.Println(name)          //枫枫
}
```

1min

### 7.1.4 匿名函数

匿名函数是一种没有函数名的函数。它是在代码中直接定义的函数,没有被分配一个显式的标识符或名称。匿名函数通常用于需要临时定义、简短使用或在其他函数内部使用的情况。

Go 语言支持匿名函数,其定义方式非常简单,在 func 关键字后面省略函数名,并直接编写函数体即可,代码如下:

```go
//unit7/函数/9.匿名函数.go
package main

import "fmt"

func main() {
    //定义一个匿名函数,它的功能是两数求和
    var add = func(a1, a2 int) int {
        return a1 + a2
    }

    fmt.Println(add(1, 2))
}
```

通过匿名函数,可以直接在需要的地方定义和使用函数,而无须额外地定义一个单独的函数。这种方式使代码更加简洁、紧凑,并提高了代码的可读性和可维护性。

匿名函数能做到的,命名函数也能做到,例如实现回调函数,以及实现函数的动态调用等,那具体到编写代码时,应选择使用匿名函数还是命名函数呢?

事实上需要综合考虑代码的可读性和可复用性等因素,这样才能选择最合适的方式来实现。

首先是代码的可读性,匿名函数通常更加紧凑,可以直接嵌入调用方的代码中,使代码更简洁,然而,如果匿名函数逻辑非常复杂或包含大量代码,则使用命名函数可以提高代码的可读性和可理解性。

其次是代码复用性,如果某个函数在多个地方被使用,或者需要在不同的上下文中重复调用,则使用命名函数可以更好地实现代码复用。匿名函数更适合那些只在特定场景下使用的逻辑块,不需要在其他地方重复使用的情况。

最后还可以考虑变量的作用域,因为匿名函数可以直接捕获其定义时所在的作用域中的变量,形成闭包,使其内部可以访问和修改外部变量。如果需要在函数内部访问外部变量,并且这个函数仅在当前逻辑块中使用,则使用匿名函数更便捷。

综上所述,使用匿名函数和命名函数都有其适用的场景。当逻辑较为简单、只在当前逻辑块中使用、代码可读性不受影响时,可以选择使用匿名函数,而在需要代码复用、较复杂逻辑、需要维护性更强的情况下,使用命名函数更合适。

5min

### 7.1.5　函数可作为参数

在 Go 语言中,函数作为参数传递的主要原因是在实际编程中会出现许多不同的业务逻辑,这些业务逻辑可能会有很多地方用到,但是有些细节和流程是不同的,这就需要根据具体的情况用不同的函数来实现。将函数作为参数传递给其他函数,可便于复用代码逻辑,减少重复的代码,让代码更加简洁、可读性更高,从而提升编程效率。

例如根据逻辑的不同,传递一个执行成功的回调函数,传递一个执行失败的回调函数,代码如下:

```go
//unit7/函数/10.函数作为参数.go
package main

import (
    "fmt"
    "math/rand"
)

func createUser(successCallback func(), errCallback func()) {
    //50%的概率成功
    if rand.Intn(2) == 0 {
        successCallback()
        return
    }
    errCallback()

}

func success() {
    fmt.Println("创建用户成功")
}

func err() {
    fmt.Println("创建用户失败")
}

func main() {
    createUser(success, err)
    createUser(success, err)
    createUser(success, err)
    createUser(success, err)
    createUser(success, err)
    createUser(success, err)
}
```

## 7.1.6 函数可作为返回值

函数不仅可以作为参数,还能作为返回值,代码如下:

```go
//unit7/函数/11.函数作为返回值.go
package main

import "fmt"

func Sum(n1 int) func(int) int {
    return func(i int) int {
        return n1 + i
    }
}

func main() {
    fmt.Println(Sum(1)(2))            //3
}
```

## 7.1.7 函数作为变量

8min

函数是一个数据类型,它不仅可以作为函数参数、函数返回值进行传递,还能作为切片的元素、map 的值,例如实现菜单选择的逻辑,使用传统判断模式,代码如下:

```go
//unit7/函数/12.菜单选择,传统模式.go
package main

import (
    "fmt"
    "time"
)

func main() {
    fmt.Println(`请选择菜单功能:
1. 打印当前时间。
2. 打印 Hello world。
3. 退出程序。`)
    var menu int
    _, err := fmt.Scanln(&menu)
    if err != nil {
        fmt.Println("输入错误,退出程序。")
        return
    }

    switch menu {
    case 1:
        fmt.Println(time.Now().Format("2006 - 01 - 02 15:04:05"))
    case 2:
```

```
        fmt.Println("Hello world")
    case 3:
        fmt.Println("退出程序。")
    default:
        fmt.Println("无效选项,退出程序。")
    }

}
```

使用函数 map 加函数组合可以写出扩展性很好的代码,代码如下:

```
//unit7/函数/13.菜单选择.go
package main

import (
    "fmt"
    "os"
    "time"
)

func now() {
    fmt.Println(time.Now().Format("2006 - 01 - 02 15:04:05"))
}
func hello() {
    fmt.Println("Hello world")
}
func exit() {
    fmt.Println("退出程序")
    os.Exit(0)
}

func main() {
    fmt.Println(`请选择菜单功能:
1. 打印当前时间。
2. 打印 Hello world。
3. 退出程序。`)
    var menu int
    _, err := fmt.Scanln(&menu)
    if err != nil {
        fmt.Println("输入错误,退出程序。")
        return
    }

    var menuMap = map[int]func(){
        1: now,
        2: hello,
        3: exit,
    }
```

```
    fun, ok : = menuMap[menu]
    if !ok {
        fmt.Println("错误的菜单")
        return
    }
    fun()

}
```

## 7.2 特殊的函数

在 Go 语言中,有 3 个特殊的函数,这 3 个函数在 Go 语言中扮演着不同的角色,配合使用可以使程序逻辑更清晰、功能更完善。通过深入理解它们的特性和用法,可以编写出更健壮、高效的 Go 程序。

### 7.2.1 main()函数

在 Go 语言中,main()函数是任何 Go 应用的入口函数——用户层入口。当运行一个 Go 程序时,操作系统首先会调用 main()函数,然后程序开始执行。main()函数的函数原型如下:

```
package main

func main() {
    //用户层执行逻辑
    … …
}
```

程序的执行会从 main()函数开始,在这个函数内按照它的调用顺序展开。

**1. main 包下 main()函数的特点**

main. main()函数是 Go 应用程序的入口函数,它具有一些特点和规定,使 Go 程序的执行流程有一定的规范性。以下是关于 main. main()函数的主要特点。

(1) 唯一入口点:在一个 Go 应用程序中,只能有一个 main. main()函数。这是整个程序的唯一入口点,程序的执行将从这里开始。如果存在多个 main()函数,则编译时会报错。

(2) 不接受参数:main. main()函数不接受任何参数,它没有输入参数,也没有返回值。这是 Go 语言的规定,而程序的命令行参数通常通过 os. Args 等方式获取。

**2. 非 main 包下的 main()函数**

Go 语言中,main 并不是一个关键字,这意味着在其他包中,可以使用 main 这个名字作为函数名,事实上 Go 语言也没有禁止这种行为,代码如下:

```
//unit7/函数/pkg/main.go
package pkg

import "fmt"

func Main() {
    main()
}
func main() {
    fmt.Println("这是 pkg 包下的 main()函数")
}
```

1min

### 7.2.2 init()函数

在 Go 语言中,init()函数是一种特殊的函数,用于在程序启动时自动执行一次。它提供了一种机制,可以在程序启动时进行一些必要的初始化操作,为程序的正常运行做好准备。

#### 1. init()函数的特点

init()函数的一个重要特点便是其无须手动调用,它会在程序启动时自动执行。当程序开始运行时,系统会自动调用每个包中的 init()函数,代码如下:

```
//unit7/函数/14.init 函数.go
package main

import "fmt"

func init() {
    fmt.Println("Init function executed")
}

func main() {
    fmt.Println("Main function executed")
}
```

在这个示例代码中,定义了一个 init()函数和一个 main()函数。init()函数会在程序启动时自动执行,而 main()函数则是程序的入口函数,此函数会在 init()函数执行完毕后执行。

当一个包被引入或使用时,其中会先初始化包级别常量和变量,然后按照 init()函数在代码中的声明顺序会被自动执行,代码如下:

```
//unit7/函数/15.init 函数 - 变量.go
package main

import "fmt"
```

```go
var (
    name = "枫枫"
)

const version = "1.0.1"

func init() {
    //在 init 函数中可以获得全局变量
    fmt.Println(name)              //枫枫
    fmt.Println(version)           //1.0.1
}

func main() {
    fmt.Println("this is main")
}
```

如果一个文件中有多个 init()函数,则执行顺序是按照在代码中出现的顺序确定的。先出现的 init()函数会先执行,后出现的 init()函数会后执行,代码如下:

```go
//unit7/函数/16.多 init 函数.go
package main

import "fmt"

func init() {
    fmt.Println("init1")
}
func init() {
    fmt.Println("init2")
}
func init() {
    fmt.Println("init3")
}

func main() {
    fmt.Println("this is main")
}
```

输出的结果如下:

```
init1
init2
init3
this is main
```

可以看到,先出现的 init()函数先执行,后出现的 init()函数后执行。

## 2. init()函数的用途

在大多数情况下,可以直接在定义全局变量或常量时赋初值,而不需要使用 init()函数来进行初始化。直接在定义时赋值的方式更简洁、更直观。

然而,有时可能需要更复杂的逻辑来初始化全局变量或常量。这些逻辑可能需要运行时计算、读取配置文件、进行网络请求等操作,无法在定义时直接赋值。在这种情况下,可以使用 init()函数来实现这些复杂的初始化逻辑,代码如下:

```go
//unit7/函数/17.init 初始化全局变量.go
package main

import "fmt"

var globalMap = map[string]string{}

func init() {
    globalMap["name"] = "枫枫"
}

func main() {
    fmt.Println(globalMap)            //map[name:枫枫]
}
```

使用 init()函数来初始化全局变量或常量的好处是,可以在包初始化阶段确保它们被正确初始化,并且可以执行一些复杂的逻辑,例如从文件中读取配置、初始化数据库连接等。

### 3. init()函数注意事项

定义一个 init()函数时,它会在程序启动时自动执行,而无法被显式地调用,代码如下:

```go
package main

import "fmt"

func init() {
        fmt.Println("This is the init() function.")
}

func main() {
        fmt.Println("This is the main() function.")

        //无法显式地调用 init() 函数
        //init()                 //这行代码会导致编译错误
}
```

init()函数在应用程序运行期间只会执行一次。它在程序启动时被调用,并且仅被调用一次。当一个包被导入时,其中定义的 init() 函数会被自动执行。

同时,即使同一个包被导入了多次,其中的 init() 函数也只会被执行一次。这是因为 Go 编译器和运行时系统会确保在整个应用程序中只执行一次每个包的 init() 函数。

### 7.2.3 defer()函数

defer()函数是 Go 语言提供的一个独特的函数,它允许推迟函数的执行直到包含它的函数即将返回。这个简单而强大的机制不仅可以处理资源释放和处理错误,还能让代码更加简洁和安全。

#### 1. 基本语法

在 Go 语言中,defer()函数通常用于确保一个函数调用在程序执行结束时发生,常见的用例包括文件关闭、锁释放、资源回收等,代码如下:

```go
func readFile(filename string) error {
    f, err : = os.Open(filename)
    if err != nil {
        return err
    }
    //确保文件在函数返回时关闭
    defer f.Close()

    //... 处理文件 ...

    return nil
}
```

在上面的例子中,defer f.Close()保证了无论 readFile()函数如何返回(正常返回或发生错误),f.Close()都会被调用,从而避免了资源泄露。

#### 2. 执行顺序

defer 的执行顺序是先进后出,即"栈"操作,如图 7-1 所示。

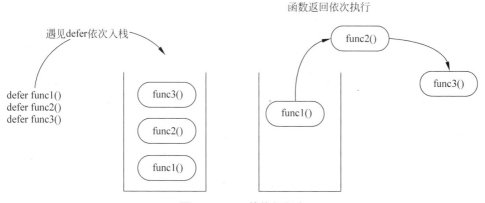

图 7-1 defer 的执行顺序

代码如下:

```go
//unit7/函数/defer/defer顺序.go
package main
```

```
import "fmt"

func main() {
    defer func() {
        fmt.Println("defer1")
    }()
    defer func() {
        fmt.Println("defer2")
    }()
    defer func() {
        fmt.Println("defer3")
    }()
    fmt.Println("main")
}
```

输出如下：

```
main
defer3
defer2
defer1
```

### 3. 环境变量捕获

在 defer 的作用域中，可以获取 defer 函数定义之前的局部变量，代码如下：

```
//unit7/函数/defer/defer 环境变量捕获.go
package main

import "fmt"

func func1() {
    //使用命名函数,也无法获取在它之前的变量
    //fmt.Println(name)
}

func main() {
    var name = "枫枫"
    defer func() {
        //在这个 defer 中可以获取 name 这个变量
        fmt.Println(name)
        //但是无法获取在它之后定义的 age 变量
        //fmt.Println(age)
    }()
    var age = 25
    defer func() {
        //在这个 defer 中可以获取 name 这个变量
        fmt.Println(name)
        //可以获取 age 变量
        fmt.Println(age)
```

```
    }()

    defer func1()
}
```

除此之外,如果在 defer 之后还使用了这个变量,则最终它的值是以在执行 return 语句之前的值为准,代码如下:

```
//unit7/函数/defer/defer 读取变量.go
package main

import "fmt"

func main() {
    var num = 10
    defer func() {
        fmt.Println(num)          //12,在这个 defer 后执行,前面一个 defer 又加了一次
    }()
    defer func() {
        fmt.Println(num)          //这时 num 是 11
        num++
    }()
    num++
}
```

### 4. 修改返回值

defer()函数是在函数执行 return 之后调用的,如果在 defer 中修改了函数的返回值,则会怎样呢? 代码如下:

```
//unit7/函数/defer/defer 修改返回值.go
package main

import "fmt"

func getName() (name string) {
    defer func() {
        name = "张三"
    }()
    return "枫枫"
}
func main() {
    fmt.Println(getName())                //张三
}
```

### 5. 错误处理

Go 程序中,如果遇到 panic 就会中断后面的执行流程而直接返回,这时可以在 defer 中结合 recover 来捕获这个 panic,从而保护程序不崩溃,代码如下:

```go
//unit7/函数/defer/defer 错误处理.go
package main

import "fmt"

func panicAndRecover() {
    defer func() {
        if err : = recover(); err != nil {
            fmt.Println(err)
        }
    }()
    fmt.Println("函数中的正常流程")
    panic("出现异常")
    fmt.Println("panic 后的语句永远无法执行")
}
func main() {
    panicAndRecover()
    fmt.Println("正常回到 main")
}

//函数中的正常流程
//出现异常
//正常回到 main
```

▶ 5min

### 7.2.4  递归函数

递归就是函数在运行的过程中调用自身,语法格式如下:

```go
func recursion() {
    recursion()                //函数调用自身
}

func main() {
    recursion()
}
```

但在使用递归时,开发者需要设置退出条件,否则递归将陷入无限循环中。

递归函数对于解决数学上的问题是非常有用的,就像计算阶乘,以及生成斐波那契数列等。

#### 1. 阶乘

阶乘是数学中常见的一种计算方式,它将一个非负整数 $n$ 乘以比它小的所有正整数,直到 1,例如,5 的阶乘可以表示为 5!,计算方式为 $5 \times 4 \times 3 \times 2 \times 1 = 120$。在计算机编程中,使用递归函数来实现阶乘的计算,代码如下:

```go
//unit7/函数/递归-阶乘.go
package main
```

```
import "fmt"

func factorial(n int) int {
    //基本情况,当 n 等于 1 时,直接返回 1
    if n == 1 {
        return 1
    }

    //递归调用,将问题分解为更小的子问题
    return n * factorial(n - 1)
}

func main() {
    //调用阶乘函数计算 5 的阶乘
    n := 5
    result := factorial(n)
    fmt.Printf(" % d 的阶乘为 % d", n, result)        //120
}
```

### 2. 斐波那契数列

斐波那契数列(Fibonacci Sequence)是一种非常经典的数学序列,它的定义非常简单,但却在数学、计算机科学和自然界中有广泛的应用。

斐波那契数列的定义如下:

$$F(0) = 0$$
$$F(1) = 1$$
$$F(n) = F(n-1) + F(n-2) \quad (n > 1)$$

这个定义表示,斐波那契数列的第 0 项是 0,第 1 项是 1,从第 2 项开始,每项都是前两项之和,这就是斐波那契数列的递推公式。

在编程中,使用递归函数实现斐波那契的计算非常简单,代码如下:

```
//unit7/函数/19.递归-斐波那契.go
package main

import "fmt"

func fibonacci(n int) int {
    if n <= 1 {
        return n
    }
    return fibonacci(n - 1) + fibonacci(n - 2)
}

func main() {
    n := 10                      //可以设置斐波那契数列的长度
    for i := 0; i < n; i++{
```

```
        fmt.Print(fibonacci(i), " ")
    }
    //输出
    //1 1 2 3 5 8 13 21 34
}
```

## 7.3 指针

Go 语言中,一个指针变量指向了一个值的内存地址。和 C、C++ 中的指针不同,Go 语言中的指针不能进行计算和偏移操作。

Go 语言中的函数传参都是值复制,当想要修改某个变量时,可以创建一个指向该变量地址的指针变量。传递数据使用指针,而无须复制数据。

Go 语言中的指针操作非常简单,有两个符号需要记住,分别是 &(取地址)和 *(根据地址取值)。

### 7.3.1 指针地址和指针类型

Go 语言变量在运行时都会被指定一个内存地址,即变量在内存中的位置。Go 语言通常在使用时会在变量前放一个 & 代表对变量进行"取地址"操作。Go 语言常用的值类型 (string、int、array、struct、float、bool)都会有对应的指针类型,如 * string、* int、* bool 等。

取变量指针的语法如下:

```
//unit7/指针/1.指针取值.go
package main

import "fmt"

func main() {
    a := 10 /* 声明实际变量 */
    ip := &a /* 指针变量的存储地址 */

    fmt.Printf("a 变量的地址是: % x\n", &a)          //c00001a0a8

    /* 指针变量的存储地址 */
    fmt.Printf("ip 变量存储的指针地址: % x\n", ip)     //c00001a0a8

    /* 使用指针访问值 */
    fmt.Printf(" * ip 变量的值: % d\n", * ip)        //10
}
```

其中,a 代表被取地址的变量,类型为 int,ip 表示用于接收地址的变量,ip 的类型就为 * int,称作 int 的指针类型,* 代表指针,如图 7-2 所示。

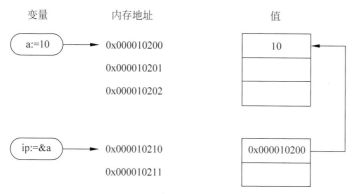

图 7-2 指针图解

## 7.3.2 指针取值

对变量使用 & 会获取该变量的指针,也就是内存地址,对指针使用"﹡"会获取值,也就是"指针取值",代码如下:

```go
//unit7/指针/2.指针取值.go
package main

import "fmt"

func main() {
    a := 20                                    //声明实际变量
    b := &a                                    //指针变量的存储地址
    fmt.Printf("type of b:% T\n", &a)          //type of b:﹡int

    c := ﹡b                                     //指针取值(根据指针到内存取值)
    fmt.Printf("type of c:% T\n", c)           //type of c:int
    fmt.Printf("value of c:% v\n", c)          //value of c:20
}
```

由于指针是直接指向该变量的内存地址的,所以可以使用指针直接修改该内存地址对应的值,宏观上来看就是通过指针修改了变量的值,代码如下:

```go
//unit7/指针/3.指针修改值.go
package main

import "fmt"

func setName(name ﹡ string) {
    ﹡ name = "枫枫"
}

func main() {
```

```
    var name = "张三"
    setName(&name)
    fmt.Println(name)              //枫枫
}
```

### 7.3.3　空指针

当一个指针被定义后没有分配到任何变量时,它的值为 nil,nil 指针也称为空指针。nil 在概念上和其他语言的 null、None、nil、NULL 一样,都指代零值或空值,代码如下:

```
//unit7/指针/4.空指针.go
package main

import "fmt"

func main() {
    var ptr * int
    fmt.Printf("ptr 的值为 : % x\n", ptr)          //ptr 的值为 : 0

    //但是不能使用 * ptr 的方式取值, 这样会触发 panic: runtime error: invalid memory address
//or nil pointer dereference
    //fmt.Println( * ptr)

    //判断是否是空指针
    fmt.Println(ptr == nil)                        //true
}
```

需要特别注意,任何对空指针的操作都会触发 panic 错误,如图 7-3 所示。在使用指针对象时,一定要进行指针是否为空判断。

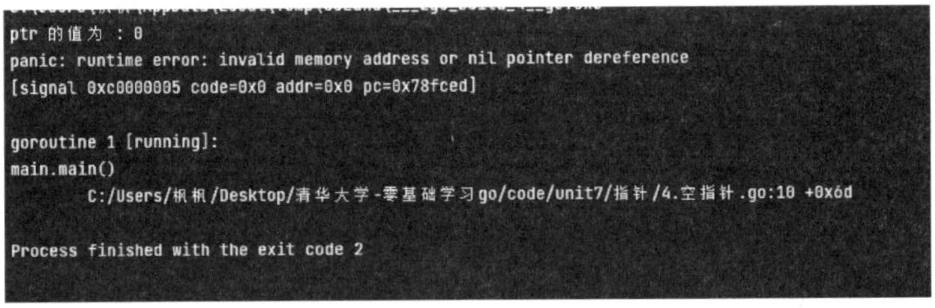

图 7-3　空指针触发的 panic 错误

### 7.3.4　new

在 Go 语言中,new 是一个内建函数,用于创建一个指定类型的零值,并返回其指针。new 函数的描述如下:

```
//The new built - in function allocates memory. The first argument is a type,
//not a value, and the value returned is a pointer to a newly
```

```
//allocated zero value of that type.
func new(Type) * Type
```

从上面的代码可以看出，new 函数只接收一个参数，这个参数是一种类型，并且返回一个指向该类型内存地址的指针。同时 new 函数会把分配的内存置为 0，也就是类型的零值，代码如下：

```
//unit7/指针/5.new.go
package main

import "fmt"

func main() {
    //创建一个 int 指针
    ptr : = new(int)

    fmt.Printf("ptr 类型为 % T\n", ptr)           // * int
    fmt.Printf("ptr 的值为 % d", * ptr)           //0
}
```

这就是 new 函数，它返回的永远是类型的指针，指针指向分配类型的内存地址。

### 7.3.5　make

make 也是用于内存分配的，但是和 new 不同，它只用于 chan、map 及 slice 的内存创建，而且它返回的类型就是这 3 种类型本身，而不是它们的指针类型，因为这 3 种类型是引用类型，所以就没有必要返回它们的指针了。

在 Go 语言中，make 函数的描述如下：

```
//The make built - in function allocates and initializes an object of type
//slice, map, or chan (only). Like new, the first argument is a type, not a
//value. Unlike new, make's return type is the same as the type of its
//argument, not a pointer to it. The specification of the result depends on
//the type:
//Slice: The size specifies the length. The capacity of the slice is
//equal to its length. A second integer argument may be provided to
//specify a different capacity; it must be no smaller than the
//length, so make([]int, 0, 10) allocates a slice of length 0 and
//capacity 10.
//Map: An empty map is allocated with enough space to hold the
//specified number of elements. The size may be omitted, in which case
//a small starting size is allocated.
//Channel: The channel's buffer is initialized with the specified
//buffer capacity. If zero, or the size is omitted, the channel is
//unbuffered.
func make(t Type, size ...IntegerType) Type
```

通过上面的代码可以看出 make 函数的 t 参数必须是 chan(通道)、map(字典)、slice(切片)中的一个,并且返回值也是类型本身。

---

**注意**：make 函数只用于 map、slice 和 channel,并且不返回指针。如果想要获得一个显式的指针,则可以使用 new 函数进行分配,或者显式地使用一个变量的地址。

---

# 第8章
## CHAPTER 8
# 结构体与自定义数据类型

结构体是一种复合类型,可用于封装不同类型的字段,形成新的数据结构。通过结构体,可以定义具有特定属性和行为的数据类型,实现数据的组织和管理。自定义数据类型则允许根据需求创建更符合业务逻辑的数据类型,提高代码的可读性和可维护性。

## 8.1 结构体

Go 语言中的基础数据类型可以表示一些事物的基本属性,但是当想表达一个事物的全部或部分属性时,再用单一的基本数据类型明显就无法满足需求了。

Go 语言提供了一种自定义数据类型,可以封装多种基本数据类型或者自定义类型,这种数据类型叫结构体,英文名称为 struct。

### 8.1.1 结构体定义

3min

使用 type 和 struct 关键字来定义结构体,具体的代码格式如下:

```
type 类型名 struct {
    字段名 字段类型
    字段名 字段类型
    ...
}
```

(1) 类型名:表示自定义结构体的名称,同一个包内不允许重复。

(2) 字段名:表示结构体字段的名称,在整个结构体内这个名称是唯一的。

(3) 字段类型:表示结构体字段的具体类型,可以是基本数据类型,也可以是自定义类型。

示例如下:

```
type Person struct {
    Name string
    City string
    Age int
}
```

上面的代码表示：定义了一个自定义类型 Person，由 Name、City、Age 字段组成。

语言内置的基础数据类型是用来描述一个值的，而结构体是用来描述一组值的，本质上是一种聚合型的数据类型。

▷ 3min

## 8.1.2　结构体实例化

只有当结构体实例化时，才会真正地分配内存，也就是必须实例化后才能使用结构体中的字段。

### 1. 基本实例化

结构体本身也是一种类型，可以像声明内置类型那样声明一个结构体，语法如下：

```
var 结构体实例    结构体类型
```

代码如下：

```go
//unit8/结构体/1.结构体定义.go
package main

import "fmt"

type Person struct {
    Name string
    City string
    Age int
}

func main() {
    //结构体实例化
    var person Person
    //逐个字段赋值
    person.Name = "张三"
    person.City = "北京"
    person.Age = 30
    fmt.Println(person)             //{张三 北京 30}
    fmt.Printf("%+v\n", person)     //{Name:张三 City:北京 Age:30}
    fmt.Printf("%#v\n", person)     //main.Person{Name:"张三", City:"北京", Age:30}

    //也可以一次性赋值
    var person1 = Person{
        Name: "李四",
        City: "上海",
        Age: 25,
    }
    fmt.Println(person1)            //{李四 上海 25}
    fmt.Printf("%+v\n", person1)    //{Name:李四 City:上海 Age:25}
    fmt.Printf("%#v\n", person1)    //main.Person{Name:"李四", City:"上海", Age:25}
}
```

结构体赋值有以下 3 种方法。

（1）单个字段赋值。

（2）键-值对赋值：当使用键-值对对结构体进行初始化时，键对应结构体的字段，值对应该字段的初始值。

（3）值的列表初始化：初始化结构体时可以简写，也就是在初始化时不写键，直接写值，代码如下：

```
var person2 = Person{"枫枫", "长沙", 22}
```

不过使用这种方法初始化结构体，需要注意赋值的顺序必须按照结构体定义字段的顺序，并且需要填充全部的字段。

结构体实例化之后，如果没有对其字段赋值，则对应字段的值就是对应字段类型的零值，代码如下：

```
//unit8/结构体/2.结构体零值.go
package main

import "fmt"

func main() {
    type Zero struct {
        A int
        B string
        C bool
        D map[string]string
        E []int
    }
    var zero Zero
    //此时结构体中的字段都是零值
    fmt.Println(zero)              //{0 false map[] []}
    fmt.Printf("% + v\n", zero)    //{A:0 B: C:false D:map[] E:[]}
    fmt.Printf("% #v\n", zero)     //main.Zero{A:0, B:"", C:false,
D:map[string]string(nil), E:[]int(nil)}
}
```

## 2. 匿名结构体

在定义一些临时数据结构等场景下还可以使用匿名结构体，代码如下：

```
//unit8/结构体/3.匿名结构体.go
package main

import "fmt"

func main() {
    var person struct {
        Name string
        Age int
```

```
    }
    person.Name = "枫枫"
    person.Age = 25
    fmt.Println(person)                //{枫枫 25}
    fmt.Printf("%+v\n", person)        //{Name:枫枫 Age:25}
    fmt.Printf("%#v\n", person)        //struct { Name string; Age int }{Name:"枫枫", Age:25}
}
```

### 3. 指针结构体

可以通过 new 关键字对结构体进行实例化,得到的结构体的地址又称结构体指针。

结构体指针的最大特点就是使用地址传递,可以直接修改原结构体,代码如下:

```
//unit8/结构体/4.指针结构体.go
package main

import "fmt"

type Info struct {
    Name string
}

func main() {

    var noPtr Info
    SetName(noPtr)
    fmt.Println(noPtr)                    //{}

    var ptr = new(Info)
    fmt.Printf("ptr 的类型是:%T\n", ptr)   //ptr 的类型是:*main.Info
    SetPtrName(ptr)
    fmt.Println(ptr)                      //&{枫枫}

}

func SetName(info Info) {
    info.Name = "枫枫"                    //不会修改原来的结构体
}
func SetPtrName(info *Info) {
    info.Name = "枫枫"                    //修改原来的结构体
}
```

## 8.1.3 结构体方法

Go 语言中的方法是一种作用于特定类型变量的函数,这种特定类型变量叫作接收者。接收者的概念类似于其他语言中的 this 或者 self。

5min

方法的定义格式如下：

```
func (接收者变量 接收者类型) 方法名(参数列表) (返回参数) {
    函数体
}
```

（1）接收者变量：接收者中的参数变量在命名时，官方建议使用接收者类型名称的首字母，并且采用小写，而不是使用 self、this 这类的命名。例如，Person 类型的接收者变量应该命名为 p。

（2）接收者类型：接收者类型和参数相似，可以是指针类型和非指针类型。

（3）方法名、参数列表、返回参数：具体格式与函数定义相同。

代码如下：

```go
//unit8/结构体/5.结构体方法.go
package main

import "fmt"

type Person struct {
    Name string
    Age int8
}

func (p Person) Freedom() {
    fmt.Printf("%v 向往自由\n", p.Name)
}
func main() {
    person := Person{"GGBond", 18}
    //调用结构体方法
    person.Freedom()
}
```

接收者类型可以是指针类型和非指针类型，那么这两者有何区别？应该如何选择呢？

## 1. 值类型接收者

当方法作用于值类型的接收者时，Go 语言会在代码运行时将接收者的值复制一份。在值类型接收者的方法中可以获得接收者的成员值，但修改的内容只是针对复制的副本，无法修改接收者变量本身，代码如下：

```go
//unit8/结构体/6.结构体方法 - 值类型.go
package main

import "fmt"

type Person struct {
    Name string
}
```

```go
func (p Person) SetName() {
    p.Name = "枫枫"
    fmt.Println(p)                //{枫枫} 只是在这个副本中修改了结构体的字段
}

func main() {
    var p Person
    p.SetName()                   //修改不会生效
    fmt.Println(p)                //{}
}
```

### 2. 指针类型接收者

指针类型的接收者由一个结构体的指针组成,由于指针的特性,调用方法时修改接收者指针的任意成员变量,在方法结束后,修改都是有效的。这种方式十分接近于其他语言中面向对象中的 this 或者 self,代码如下:

```go
//unit8/结构体/7.结构体方法-指针类型.go
package main

import "fmt"

type Person struct {
    Name string
}

func (p * Person) SetName() {
    p.Name = "枫枫"
    fmt.Println(p)                //&{枫枫}
}

func main() {
    var p Person
    p.SetName()                   //修改会生效
    fmt.Println(p)                //{枫枫}
}
```

在需要修改结构体中的值或者结构体内存比较大的情况下,应该使用指针类型接收者。

## 8.1.4　结构体匿名字段

结构体允许其成员字段在申明时没有字段名而只有字段类型,这种没有名字的字段就称为匿名字段,代码如下:

```go
//unit8/结构体/8.结构体匿名字段.go
package main

import "fmt"
```

```go
type Person struct {
    string
    int
}

func main() {
    person : = Person{
        "GGBond",
        18,
    }
    //等价于
    //person : = Person{
    //      string: "GGBond",
    //      int: 18,
    //}

    fmt.Printf(" % # v\n", person)
//main.Person{string:"GGBond", int:18}
    fmt.Printf("person.string is : % v, person.int is : % v\n", person.string, person.int)
    //main.Person{string:"GGBond", int:18}
}
```

这里的匿名字段说法并不是说没有字段名,而是默认会采用类型名作为字段名,所以一个结构体中同种类型的匿名字段只能有一个。

## 8.1.5　嵌套结构体

一个结构体中可以嵌套另一个结构体或结构体指针,代码如下:

```go
//unit8/结构体/9.嵌套结构体.go
package main

import "fmt"

type Address struct {
    Province string
    City string
}

type Person struct {
    Name string
    Age int8
    Address Address              //嵌套一个 Address 结构体
}

func main() {
    person : = Person{
        Name: "枫枫",
        Age: 18,
```

```
        Address: Address{
            Province: "广东",
            City:      "深圳",
        },
    }

    fmt.Println(person)                    //{枫枫 18 {广东 深圳}}
    //打印person中的address信息
    fmt.Println(person.Address)            //{广东 深圳}
}
```

除了这种具名嵌套，还有匿名嵌套，代码如下：

```
//unit8/结构体/10.嵌套结构体-匿名.go
package main

import "fmt"

type Address struct {
    Province string
    City     string
}

type Person struct {
    Name      string
    Age       int8
    Address   Address                     //嵌套一个匿名Address结构体
}

func main() {
    person := Person{
        Name: "枫枫",
        Age: 18,
        Address: Address{
            Province: "广东",
            City:      "深圳",
        },
    }

    fmt.Println(person)                    //{枫枫 18 {广东 深圳}}
    //打印person中的address信息
    fmt.Println(person.Address)            //{广东 深圳}
}
```

当访问结构体成员时会先在当前结构体中查找该字段，如果找不到再去嵌套的匿名字段中查找，嵌套结构体内部可能存在相同的字段名。在这种情况下为了避免歧义需要指定具体的内嵌结构体字段名，代码如下：

```
//unit8/结构体/11.嵌套结构体-重名问题.go
package main
```

```
import "fmt"

type School struct {
    Name string
}
type Student struct {
    Name    string
    School          //如果 School 结构体中也有 Name 字段,则 Student 结构体中的 Name 字段会覆盖
//School 结构体中的 Name 字段
}

func main() {
    var fengfeng = Student{
        Name: "枫枫",
        School: School{
            Name: "阳光小学",
        },
    }
    fmt.Println(fengfeng.Name)                    //枫枫 接.Name 就是 Student 结构体中的 Name 字段
    //如果要获取 School 结构体中的 Name 字段,则需要使用完整的路径
    fmt.Println(fengfeng.School.Name)       //阳光小学
}
```

## 8.1.6　结构体的"继承"

Go 语言中使用结构体嵌套也可以实现其他编程语言中面向对象的继承,但是在 Go 语言中,这不是继承而是叫组合。

使用结构体组合之后,可以在当前结构体中使用对方结构体的属性和方法,代码如下:

```
//unit8/结构体/12.结构体组合.go
package main

import "fmt"

//Animal 动物
type Animal struct {
    name string
}

func (a * Animal) move() {
    fmt.Printf("%s 会动!\n", a.name)
}

//Dog 狗
type Dog struct {
    Feet   int8
    Animal          //通过嵌套匿名结构体实现继承
}
```

```go
func main() {
    var dog Dog
    dog.Animal.name = "乐乐"
    dog.Feet = 4
    //名称
    fmt.Println(dog.name)

    //狗也有了 move 方法
    dog.move()
}
```

## 8.1.7 结构体标签

结构体的字段除了名字和类型外,还可以有一个可选的标签 tag,它是一个附属于字段的字符串,可以是文档或其他的重要标记。

Tag 是结构体在编译阶段关联到成员的元信息字符串,在运行时通过反射的机制读取出来。

结构体标签由一个或多个键-值对组成。键与值使用冒号分隔,值用双引号括起来。键-值对之间使用一个空格分隔,语法如下:

`key1:"value1" key2:"value2" key3:"value3"...`　　　　//键 - 值对用空格分隔

注意:冒号左右不能有空格,否则运行输出结果可能不对,所以编写 Tag 时,必须严格遵守键-值对的规则。结构体标签的解析代码的容错能力很差,一旦格式写错,编译和运行时都不会提示任何错误。不过大部分编辑器可以判断出 Tag 格式错误,如图 8-1 所示,当发现出现明显不一样的颜色时,就需要注意是不是格式错误了。

```go
package main

type User struct {
    Name string `json:"name"` // 正确的
    Age int `json:"age"` // 错误的
}
func main() {

}
```

图 8-1　结构体标签错误的显示效果

在序列化场景中,最常用的标签是 json,它指导 JSON 包如何处理结构体字段,代码如下:

```go
//unit8/结构体/15.json 标签.go
package main

import (
    "encoding/json"
```

```
    "fmt"
)

func main() {
    type User struct {
        Name string   `json:"name"`
        Age int       `json:"age"`
        Like []string `json:"like"`
    }

    var user = User{
        Name: "枫枫",
        Age: 24,
        Like: []string{"篮球", "羽毛球"},
    }
    byteData, _ := json.Marshal(user)
    fmt.Println(string(byteData))    //{"name":"枫枫","age":24,"like":["篮球","羽毛球"]}
}
```

### 1. omitempty

omitempty 选项表示当字段值为空或零值时，会省略该字段，代码如下：

```
//unit8/结构体/16.json-omitempty.go
package main

import (
    "encoding/json"
    "fmt"
)

func main() {
    type User struct {
        Name    string `json:"name,omitempty"`
        Age     int    `json:"age,omitempty"`
        IsGender bool  `json:"isGender,omitempty"`
    }
    var user User
    byteData, _ := json.Marshal(user)
    fmt.Println(string(byteData))           //{}

    type User1 struct {
        Name    string `json:"name"`
        Age     int    `json:"age"`
        IsGender bool  `json:"isGender"`
    }

    var user1 User1
    byteData, _ = json.Marshal(user1)
    fmt.Println(string(byteData))           //{"name":"","age":0,"isGender":false}
}
```

### 2. 忽略字段

若不希望将某些敏感字段(如密码)序列化到 JSON 中,则可以为其设置 json:"-"标签,代码如下:

```
//unit8/结构体/17.json-忽略字段.go
package main

import (
    "encoding/json"
    "fmt"
)

func main() {
    type User struct {
        Name     string `json:"name"`
        Password string `json:"-"`
        pwd      string                    //或者使用小写
    }

    var user = User{
        Name:     "枫枫",
        Password: "123456",
        pwd:      "123456",
    }
    byteData, _ := json.Marshal(user)
    fmt.Println(string(byteData))         //{"name":"枫枫"}
}
```

## 8.1.8 结构体内存布局

本节将深入探讨结构体的内存布局,了解结构体字段在内存中的存储方式,以及如何有效地利用结构体来实现数据的存储和访问。通过对结构体内存布局的理解,可以更好地优化数据结构,提高程序的性能和效率。

### 1. 结构体大小

结构体占用一块连续的内存,一个结构体变量的大小是由结构体中的字段决定的,代码如下:

```
//unit8/结构体/内存布局/1.结构体大小.go
package main

import (
    "fmt"
    "unsafe"
)

func main() {
```

```
type Foo struct {
    A int8                          //1
    B int8                          //1
    C int8                          //1
}

var f Foo
//使用 unsafe.Sizeof 获取结构体的大小
fmt.Println(unsafe.Sizeof(f))       //3
}
```

## 2. 内存对齐

但是结构体的大小又不完全由结构体的字段决定,代码如下:

```
type Bar struct {
    x int32                         //4
    y * Foo                         //8
    z bool                          //1
}

var b1 Bar
fmt.Println(unsafe.Sizeof(b1))      //24
```

有的读者可能会认为结构体变量 b1 的内存布局如图 8-2 所示,那么问题来了,结构体变量 b1 的大小怎么会是 24 呢?

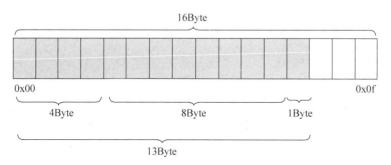

**图 8-2 结构体理论内存布局**

很显然结构体变量 b1 的内存布局和图 8-2 中的布局并不一致,实际上的布局应该如图 8-3 所示,虚线的部分就是内存对齐时的填充(Padding)部分。

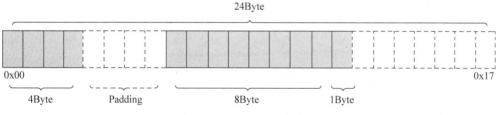

**图 8-3 结构体实际内存布局**

Go 在编译时会按照一定的规则自动进行内存对齐。之所以这样设计是为了减少 CPU 访问内存的次数,加大 CPU 访问内存的吞吐量。如果不进行内存对齐,则很可能就会增加 CPU 访问内存的次数,例如图 8-4 中 CPU 想要获取 b1.y 字段的值可能就需要两个总线周期,如图 8-4 所示。

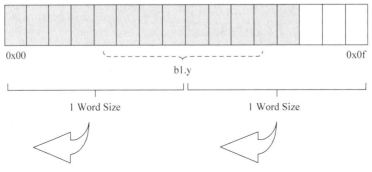

图 8-4 理论获取结构体的内存示意图

因为 CPU 访问内存时,并不是逐字节访问,而是以字(Word)为单位进行访问,例如 64 位 CPU 的字长(Word Size)为 8Byte,那么 CPU 访问内存的单位也是 8 字节,每次加载的内存数据也是固定的若干字长,如 8Word(64Byte)、16Word(128Byte)等。

### 3. 对齐保证

可以通过内置 unsafe 包的 Sizeof 函数来获取一个变量的大小,此外还可以通过内置 unsafe 包的 Alignof 函数来获取一个变量的对齐系数,代码如下:

```
//结构体变量 b1 的对齐系数
fmt.Println(unsafe.Alignof(b1))              //8
//b1 每个字段的对齐系数
fmt.Println(unsafe.Alignof(b1.x))            //4:表示此字段须按 4 的倍数对齐
fmt.Println(unsafe.Alignof(b1.y))            //8:表示此字段须按 8 的倍数对齐
fmt.Println(unsafe.Alignof(b1.z))            //1:表示此字段须按 1 的倍数对齐
```

unsafe.Alignof()的规则如下:

(1) 对于任意类型的变量 x,unsafe.Alignof(x)至少为 1。

(2) 对于 struct 类型的变量 x,计算 x 每个字段 f 的 unsafe.Alignof(x.f),unsafe.Alignof(x)等于其中的最大值。

(3) 对于 array 类型的变量 x,unsafe.Alignof(x)等于构成数组的元素类型的对齐倍数。

在了解了上面的规则之后,可以通过调整结构体 Bar 中字段的顺序来减小其大小,代码如下:

```
type Bar2 struct {
    x int32                                  //4
    z bool                                   //1
    y * Foo                                  //8
```

```
}

var b2 Bar2
fmt.Println(unsafe.Sizeof(b2))                          //16
```

此时结构体 Bar2 变量的内存布局示意图如图 8-5 所示。

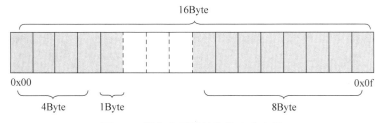

图 8-5 优化之后的结构体内存布局

在了解了 Go 的内存对齐规则之后,在日常的编码过程中,完全可以通过合理地调整结构体的字段顺序来优化结构体的大小。

## 8.2 自定义数据类型与类型别名

在 Go 语言中,自定义类型指的是使用 type 关键字定义的新类型,它可以是基本类型的别名,也可以是结构体、函数等组合而成的新类型。自定义类型可以更好地抽象和封装数据,让代码更加易读、易懂、易维护。

### 8.2.1 自定义类型

在 Go 语言中,使用 type 关键字可以定义一个新的类型,语法如下:

6min

```
type NewType OldType
```

其中,NewType 是新类型的名称,OldType 可以是任何基本类型或现有类型的别名,通过这种方式可以创建一个新类型,使这个新类型具有与原有类型不同的特性。

例如,定义一种状态码的类型,它是 int 类型的别名,代码如下:

```
//unit8/自定义类型/1.定义自定义类型.go
package main

import "fmt"

type Code int

func main() {
    var successCode Code = 0
    var errCode Code = 1001
    fmt.Println(successCode, errCode)
}
```

需要注意的是,在 Go 语言中,自定义类型是强类型的,也就是说,不能随意将一种类型的值赋给另一种类型的变量,需要进行类型转换才能进行赋值,代码如下:

```go
//unit8/自定义类型/1.定义自定义类型.go
package main

import "fmt"

type Code int

func main() {
    var successCode Code = 0
    var errCode Code = 1001
    fmt.Println(successCode, errCode)

    var code = 0
    //不能直接将 code 赋值给 successCode
    //successCode = code

    //必须进行类型转换
    successCode = Code(code)
}
```

### 8.2.2  自定义类型方法

4min

使用自定义类型的一大好处就是能够给这种类型绑定方法,例如给 Code 类型绑定 GetMsg 方法,可以根据 Code 的值返回对应的错误信息,代码如下:

```go
//unit8/自定义类型/2.自定义类型方法.go
package main

import "fmt"

type Code int

const (
    SuccessCode Code = 0
    NetworkErrCode Code = 1001        //网络错误
    SystemErrCode Code = 1002         //系统错误
)
func (c Code) GetMsg() (msg string) {
    switch c {
    case SuccessCode:
        return "成功"
    case NetworkErrCode:
        return "网络错误"
    case SystemErrCode:
        return "系统错误"
```

```
    }
    return
}

func main() {
    var code Code = NetworkErrCode
    fmt.Println(code)                   //1001
    //直接输出信息
    fmt.Println(code.GetMsg())          //网络错误
}
```

方法也分为值方法和指针方法,如果需要在方法中修改原始数据,则应该使用指针方法,代码如下:

```
//unit8/自定义类型/3.自定义类型 - 指针方法.go
package main

import "fmt"

type MyInt int

func (mi * MyInt) Inc() {
    * mi++
}
func main() {
    var a MyInt
    a.Inc()                   //调用一次 a 加 1
    fmt.Println(a)            //1
}
```

## 8.2.3 类型别名

在 Go 语言中,类型别名是一种特殊的数据类型,允许为现有的类型提供一个新的名称,可以理解为小时候父母称呼自己的小名。

2min

这个新名称在功能上与原始类型是完全等价的,没有额外的类型安全,可以用于代码重构,使旧代码可以无缝地迁移到新的类型名称,或者用于提高代码的可读性和可维护性。

例如 Go 语言中里面的 byte、rune 类型就是典型的类型别名。

类型别名的语法如下:

```
type aliasType = oldType
```

其中,aliasType 是新类型的名称,oldType 可以是任何基本类型或现有类型的别名,通过这种方式可以创建一种类型别名,使这个新类型具有与原有类型相同的特性,代码如下:

```
//unit8/类型别名/1.定义类型别名.go
package main
```

```go
import "fmt"

type Code = int

func main() {
    var success Code = 0

    var code = 0
    //可以相互赋值
    success = code

    //也可以判断
    if success == code {

    }

    //打印类型也是原类型
    fmt.Printf("%T\n", success)              //int

}
```

## 8.2.4  自定义类型和类型别名的区别

虽然类型别名和自定义类型在定义上很像,但是有一些地方两者有各自的特点。

(1) 类型别名不能绑定方法,代码如下:

```go
//unit8/类型别名/2.类型别名不能绑定方法.go
package main

type AliasType = string

//不可以绑定方法
func (a AliasType)String() {

}

type NewType string

//可以绑定方法
func (n NewType)String() {

}
```

(2) 类型别名打印类型是原始类型,代码如下:

```go
//unit8/类型别名/3.类型别名的类型是原始类型.go
package main
```

```
import "fmt"

type AliasType = string
type NewType string

func main() {
    var a AliasType = "hello"
    var b NewType = "world"

    fmt.Printf("AliasType Type % T\n", a)          //string
    fmt.Printf("NewType Type % T\n", b)            //main.NewType
}
```

（3）类型别名可以和原始类型直接比较，代码如下：

```
//unit8/类型别名/4.类型别名可直接判断.go
package main

import "fmt"

type AliasType = string
type NewType string

func main() {
    var aliasType AliasType = "hello"
    var newType NewType = "hello"

    var s = "hello"

    //自定义类型不能和原始类型直接判断
    fmt.Println(newType == s)
    //自定义类型必须转换后才能和原始类型比较
    fmt.Println(newType == NewType(s))
    fmt.Println(string(newType) == s)

    //类型别名则不用转换
    fmt.Println(aliasType == s)

}
```

# 第 9 章

# 接　口

在计算机科学中，接口是计算机系统中多个组件共享的边界，不同的组件能够在边界上交换信息。接口的本质是引入一个新的中间层，调用方可以通过接口与具体实现分离，解除上下游的耦合，上层的模块不再需要依赖下层的具体模块，只需依赖一个约定好的接口。

## 9.1　Go 接口 interface

接口是和调用方的一种约定，它是一个高度抽象的类型，不用和具体的实现细节绑定在一起。接口要做的是定义好约定，告诉调用方自己可以做什么，但不用知道它的内部实现，这与具体的类型（如 int、map、slice 等）是不一样的。

6min

### 9.1.1　接口的定义

接口的定义和结构体稍微有些差别，虽然都以 type 关键字开始，但接口的关键字是 interface，表示自定义的类型是一个接口。

也就是说 person 是一个接口，它有两种方法：sayName()string 和 sayAge() int，代码如下：

```
type person interface {
    sayName() string
    sayAge() int
}
```

针对 person 接口来讲，它会告诉调用者可以通过它的 sayName()方法获取姓名字符串，也可以通过它的 sayAge()方法获取年龄，这就是接口的约定。至于这个字符串是怎么获得的，接口不关心，调用者也不用关心，因为这些是由接口实现者来关心的。

接口是用来定义行为的类型，这些被定义的行为不由接口直接实现，而是由用户定义的类型实现，一个实现了这些方法的具体类型是这个接口类型的实例。

## 9.1.2 接口的实现

接口的实现者必须是一个具体的类型,以 student 结构体为例,代码如下:

```go
//unit9/1.接口定义.go
package main

type person interface {
    sayName() string
    sayAge() int
}

type student struct{}

func (s student) sayName() string {
    return ""
}
func (s student) sayAge() int {
    return 0
}
```

当结构体中的方法和接口里的方法的签名(名称、参数和返回值)一样时,结构体就实现了对应的接口,在编辑器中有不一样的显示效果,如图 9-1 所示。

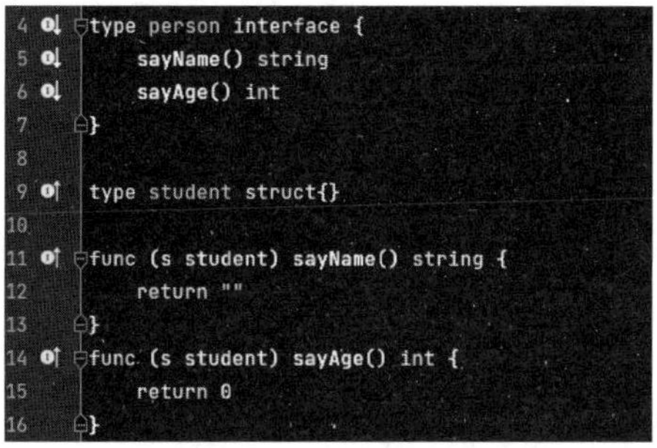

图 9-1 实现了接口的显示效果

## 9.1.3 接口的使用

在 Go 语言中,接口的实现是隐式的。只要一种类型拥有接口中声明的所有方法,那么它就被认为实现了这个接口。这意味着可以在不显式声明实现的情况下,直接使用接口类型来引用这种类型的对象,代码如下:

```go
//unit9/2.接口使用.go
package main

import "fmt"
```

```go
type animal interface {
    eat()string
}

type Cat struct {
    Name string
}

func (c Cat) eat() string {
    return fmt.Sprintf("这只小猫 % s 正在吃饭", c.Name)
}

type Dog struct {
    Name string
}

func (d Dog) eat() string {
    return fmt.Sprintf("这只小狗 % s 正在吃饭", d.Name)
}

//Eat 接口作为函数参数,只要实现了这个接口的对象就能传过来
func Eat(an animal) {
    //调用这个接口的 eat 方法
    an.eat()
}

func main() {
    var c = Cat{"Tom"}
    Eat(c)

    var d = Dog{"汪汪"}
    Eat(d)
}
```

在这个示例中,定义了一个 animal 接口,它有一个 eat 方法,然后编写两个结构体并分别实现了 eat 方法,那么这两个结构体就实现了 animal 接口,也就可以直接传递给函数 Eat。

## 9.1.4 接口嵌套

接口与接口间可以通过嵌套创造出新的接口,代码如下:

```go
//unit9/3.接口嵌套.go
package main

type SayInterface interface {
    say()
}
```

```
type MoveInterface interface {
    move()
}

//Animal 接口嵌套
type Animal interface {
    SayInterface
    MoveInterface
}

type Cat struct {

}

func (c Cat)say() {

}
func (c Cat)move() {

}


func main() {

}
```

## 9.1.5　类型断言

4min

在 Go 语言中,类型断言是将一个接口类型转换为其他类型的方式。类型断言可以用来判断一个接口值是否实现了某个接口,或者将一个接口值转换为其他类型。

在 Go 语言中,类型断言的语法如下:

```
value, ok : = interfaceValue.(interfaceType)
```

其中,interfaceValue 表示接口值,interfaceType 表示接口类型,value 表示类型转换后的值,ok 表示类型转换是否成功,例如,断言 Cat 和 Dog 类型,代码如下:

```
//Eat 接口作为函数参数,只要实现了这个接口的对象就能传过来
func Eat(an animal) {
    //调用这个接口的 eat 方法
    cat, ok : = an.(Cat)
    if ok {
        fmt.Println("这是只小猫,小猫的名字是", cat.Name)
    }
    an.eat()
}
```

还可以使用 switch 枚举这个接口的所有类型,代码如下:

```
//Eat 接口作为函数参数,只要实现了这个接口的对象就能传过来
func Eat(an animal) {

    switch an := an.(type) {
    case Cat:
        fmt.Println("这是只小猫,小猫的名字是", an.Name)
    case Dog:
        fmt.Println("这是只小狗,小狗的名字是", an.Name)
    }

    an.eat()
}
```

6min

## 9.2　空接口

在 Go 语言中,空接口是一种特殊的接口类型,它可以表示任何类型的值,因为它不包含任何方法。空接口类型的变量可以接收任何类型的值,因此它具有很高的灵活性和通用性。

在 Go 语言中,空接口是一个不包含任何方法的接口类型,它的定义如下:

```
type interface{}
```

空接口不仅可以表示任何类型的值,还可以通过类型断言将其转换为其他类型的值。例如,定义了一个空接口类型的变量 a,并将它分别赋值为整数、字符串和结构体类型的值,代码如下:

```
//unit9/4.空接口.go
package main

import "fmt"

func main() {
    var a interface{}

    a = 123

    a = "枫枫"

    a = true

    a = []string{"枫枫"}

    fmt.Println(a)
}
```

由于空接口可以表示任何类型的值,因此它非常灵活和通用。可以使用空接口来实现一些通用的算法和数据结构,也可以使用空接口来处理一些动态类型的数据,例如 JSON 解析和反序列化等操作。

因为空接口太过灵活,在使用空接口定义一个 map 类型的数据时,其数据中是切片或者结构体,当通过索引获得对应切片内容的值时会出现错误,所以必须通过类型断言的形式获得对应的数据,结构体同理,代码如下:

```go
//unit9/5.空接口-map.go
package main

import "fmt"

type Address struct {
    Name string
    Phone int
}

func main() {
    var userinfo = make(map[string]interface{})
    userinfo["username"] = "张三"
    userinfo["age"] = 20
    userinfo["hobby"] = []string{"睡觉", "吃饭"}

    fmt.Println(userinfo["age"])
    fmt.Println(userinfo["hobby"])

    //不能这样取值,userinfo["hobby"]得到的是一个空接口
    //fmt.Println(userinfo["hobby"][1])

    var address = Address{
        Name: "李四",
        Phone: 1521242141,
    }
    fmt.Println(address.Name)                //李四

    userinfo["address"] = address

    fmt.Println(userinfo["address"])         //{李四 1521242141}

    //var name = userinfo["address"].Name    //type interface {} is interface with no methods
    //fmt.Println(name)

    hobby2, _ := userinfo["hobby"].([]string)

    fmt.Println(hobby2[1])                   //吃饭

    address2, _ := userinfo["address"].(Address)
    fmt.Println(address2.Name, address2.Phone)        //李四 1521242141

}
```

# 第 10 章

# 协程与 Channel

Go 语言的并发编程使用协程（goroutine）实现。Go 语言的每个并发执行的任务称为 goroutine，因为资源开销十分微小，所以又被称为微线程。

## 10.1 何为协程

5min

通常情况下，程序的执行是单线的，假如其中一个函数是一个耗时操作，那么整个程序都将卡在那里，例如有两个函数 Shopping 和 Studying，并且它们都是耗时任务，那么整个程序需要依次执行完这两个耗时任务才能运行完成，代码如下：

```go
//unit10/协程/1.协程使用.go
package main

import (
    "fmt"
    "time"
)

func Shopping() {
    fmt.Println("购物开始")
    time.Sleep(3 * time.Second)
    fmt.Println("购物结束")
}
func Studying() {
    fmt.Println("学习开始")
    time.Sleep(2 * time.Second)
    fmt.Println("学习结束")
}

func main() {
    startTime := time.Now()
    Studying()
    Shopping()
    fmt.Println("程序结束,总耗时", time.Since(startTime))        //总耗时大于 5s
}
```

所谓协程就是在遇到耗时操作时能来回切换,以便执行其他的任务,在 Go 语言中协程的执行十分简单,只需在函数调用前加上 go 关键字,代码如下:

```
func main() {
    startTime := time.Now()
    go Studying()
    Shopping()
    fmt.Println("程序结束,总耗时", time.Since(startTime))       //总耗时大于 3s
}
```

可以看到使用协程之后,程序耗时大幅减少。

## 10.1.1 WaitGroup

5min

但是,交换一下 Studying 和 Shopping 函数的调用顺序,可以发现程序在两个函数没有运行完之前就结束了,代码如下:

```
func main() {
    startTime := time.Now()
    go Shopping()
    Studying()
    fmt.Println("程序结束,总耗时", time.Since(startTime))       //耗时 2s 多
}
```

这是为什么呢?这是因为主线程结束了,所有的协程都会跟着一起结束,无论它的任务有没有执行完成。

有没有什么办法可以让主线程等待协程全部执行完毕呢?

可以使用 Go 语言中内置的 sync.WaitGroup 来实现,让主线程等待全部的协程运行完成,代码如下:

```
//unit10/协程/2.waitGroup.go
package main

import (
    "fmt"
    "sync"
    "time"
)

var wait sync.WaitGroup

func Shopping() {
    fmt.Println("购物开始")
    time.Sleep(3 * time.Second)
    fmt.Println("购物结束")
    wait.Done()                        //协程结束,计数器 - 1
}
func Studying() {
```

```
    fmt.Println("学习开始")
    time.Sleep(2 * time.Second)
    fmt.Println("学习结束")
    wait.Done()                    //协程结束,计数器-1
}
func main() {
    startTime := time.Now()
    //开多少个协程,里面的数字就是多少
    wait.Add(2)
    go Shopping()
    go Studying()
    wait.Wait()                    //等待协程全部结束
    fmt.Println("程序结束,总耗时", time.Since(startTime))
}
```

## 10.1.2  WaitGroup 原理探析

WaitGroup 中有 3 种方法,分别是 Add()、Done()和 Wait(),实现逻辑其实很简单,具体而言,WaitGroup 通过一个计数器来管理协程的数量。当创建一个 WaitGroup 时,计数器的初始值为 0。在每个协程的开始处,可以调用 WaitGroup 的 Add 方法来增加计数器的值,而在协程的结束处,可以调用 WaitGroup 的 Done 方法来减少计数器的值。当计数器的值变为 0 时,表示所有等待的协程都执行完毕,Wait 方法将返回,程序继续执行下一步操作。

可编写一个简单的 WaitGroup 来帮助读者理解,代码如下:

```
//unit10/协程/3.自己实现 waitGroup.go
package main

import (
    "fmt"
    "time"
)

type WaitGroup struct {
    state int
}

func (wg * WaitGroup) Add(num int) {
    wg.state += num
}
func (wg * WaitGroup) Done() {
    wg.Add(-1)
}

func (wg * WaitGroup) Wait() {
    for {
```

```
                    //判断计数器是不是为 0,如果为 0 就结束
                    if wg.state == 0 {
                        return
                    }
            }
    }


    var wait WaitGroup

    func Shopping() {
        fmt.Println("购物开始")
        time.Sleep(3 * time.Second)
        fmt.Println("购物结束")
        wait.Done()                        //协程结束,计数器 - 1
    }
    func Studying() {
        fmt.Println("学习开始")
        time.Sleep(2 * time.Second)
        fmt.Println("学习结束")
        wait.Done()                        //协程结束,计数器 - 1
    }
    func main() {
        startTime := time.Now()
        //开多少个协程,里面的数字就是多少
        wait.Add(2)
        go Shopping()
        go Studying()
        wait.Wait()                        //等待协程全部结束
        fmt.Println("程序结束,总耗时", time.Since(startTime))
    }
```

## 10.2　Channel 信道

6min

在 Go 语言中,使用协程单纯地将函数并发执行是没有意义的。函数与函数间需要交换数据才能体现并发执行函数的意义。

如果说协程是 Go 程序并发的执行体,Channel 就是它们之间的连接。Channel 是可以让一个协程将特定值发送到另一个协程的通信机制。

Channel 是 Go 中的一个核心类型,可以把它看成一个管道,通过它并发核心单元就可以发送或者接收数据进行通信。

Channel 提供了一种同步的机制,确保在数据发送和接收之间的正确顺序和时机。通过 Channel,可以避免在多个协程之间共享数据时出现竞争条件和其他并发问题。

Go 语言中的信道(Channel)是一种特殊的类型。通道像一个传送带或者队列,总是遵循先入先出(First In First Out)的规则,保证收发数据的顺序。每个通道都是一个具体类型的导管,也就是声明 Channel 时需要为其指定元素类型。

Channel 的操作符是箭头<－(箭头的指向就是数据的流向)。

## 10.2.1　Channel 类型

Channel 是一种类型,一种引用类型。声明信道类型的格式如下:

```
var 变量 chan 元素类型
```

它包括 3 种类型的定义。可选的"<－"代表 Channel 的方向。如果没有指定方向,则 Channel 就是双向的,既可以接收数据,也可以发送数据,格式如下:

```
chan T                        //可以接收和发送类型为 T 的数据
chan <- T                     //只可以用来发送 T 类型的数据
<- chan T                     //只可以用来接收 T 类型的数据
```

示例代码如下:

```
//unit10/channel/1.channel 定义.go
package main

func main() {
    var c1 chan int            //定义一个双向的 int chan
    var c2 chan <- int         //定义一个只写 int chan
    var c3 <- chan int         //定义一个只读 int chan
    var c4 chan struct{}       //定义一个双向的空接口 chan
}
```

## 10.2.2　创建 Channel

Channel 是引用类型,它对应的空值是 nil,声明后的 Channel 需要使用 make 函数初始化之后才能使用,格式如下:

```
make(chan 元素类型, [容量])
```

其中,容量代表 Channel 容纳的最多的元素的数量,代表 Channel 缓存的大小。

如果没有设置容量,或者将容量设置为 0,则说明 Channel 没有缓存,只有发送方和接收方都准备好了后它们的通信才会发生。如果设置了缓存,就有可能不发生阻塞,只有缓冲区满了后发送才会阻塞,而只有缓存空了后接收才会阻塞。一个空 Channel 不会通信。

所以 Channel 可分为无缓冲通道(阻塞)和有缓存通道(非阻塞)。

## 10.2.3　操作 Channel

Channel 有发送(send)、接收(receive)和关闭(close)共 3 种操作。
发送和接收都使用"<－"符号,代码如下:

```
//unit10/channel/2.channel 操作.go
package main
```

```go
import "fmt"

func main() {
    //创建了一个有两个缓冲位的 Channel
    var ch = make(chan int, 2)

    //写入数据
    ch <- 1
    ch <- 2

    //不能再写了,不然就会报错 fatal error: all goroutines are asleep - deadlock!
    //ch <- 3

    //读取数据
    x : = <- ch
    fmt.Println(x)
    fmt.Println(<- ch)

    //不能再读了,不然也会报错 fatal error: all goroutines are asleep - deadlock!
    //fmt.Println(<- ch)

    //关闭协程
    close(ch)

    //不能再对已关闭的 Channel 进行写入操作,不然会报错
    //ch <- 1 panic: send on closed channel

    //可以使用 ok 来判断 Channel 是否关闭
    //关闭的 channel,ok 返回值为 false
    x, ok : = <- ch
    fmt.Println(x, ok)              //0 false
}
```

## 10.2.4 无缓冲的 Channel

无缓冲的 Channel 又被称为阻塞的 Channel,如图 10-1 所示,在数据没有流通之前,发送方和接收方都得摆好姿势准备发送和接收。

所以使用无缓冲的 Channel,一般一个协程往里面发送数据；另一个协程接收数据,代码如下：

```go
//unit10/channel/3.无缓冲 channel.go
package main

import (
    "fmt"
    "time"
)
```

```go
var ch = make(chan string)

//write 往 ch 里面写入数据
func write() {
    for {
            //写入当前时间
            ch <- time.Now().Format("2006 - 01 - 02 15:04:05")
            time.Sleep(1 * time.Second)
    }
}

//read 从 ch 里面读取数据
func read() {
    for {
            //读取数据
            fmt.Println(<- ch)
            time.Sleep(1 * time.Second)
    }
}

func main() {
    go write()
    go read()
    select {
    //阻塞 main 线程
    }
}
```

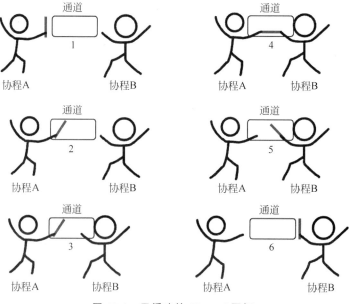

图 10-1　无缓冲的 Channel 图解

### 10.2.5 有缓冲的 Channel

解决无缓冲 Channel(阻塞)死锁的问题,也就是使用有缓冲的 Channel,如图 10-2 所示,通过缓存的使用,可以尽量避免阻塞,提高应用的性能。

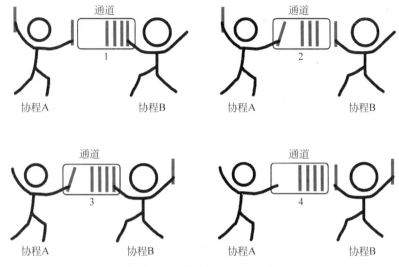

**图 10-2 有缓冲的 Channel 图解**

只要通道的容量大于 0,那么该通道就是有缓冲的通道,通道的容量表示通道中能存放元素的数量。就像小区的快递柜只有那么个多格子,格子满了就装不下了,也就是阻塞了,等到别人取走一个包裹后快递员就能往里面放一个了。

### 10.2.6 从 Channel 中循环取值

Channel 有一个特性,close 关闭之后,如果发送数据,则会导致出现 panic 现象,但是在接收时,是可以正常接收的,有 3 种方式可以优雅地从 Channel 中取值。

#### 1. for 循环取值

利用 Channel 取值的特性,只要在取值时判断 Channel 是否关闭即可,代码如下:

```go
//unit10/channel/4.for取值.go
package main

import (
    "fmt"
    "time"
)

var ch = make(chan string)

//write 往 ch 里面写入数据
```

```go
func write() {
    var count = 10
    for {
            //写入当前时间
            ch <- time.Now().Format("2006 - 01 - 02 15:04:05")
            time.Sleep(1 * time.Second)
            count --
            if count == 0 {
                    break
            }
    }
    close(ch)
}
func main() {
    go write()

    for {
            //读取 ch 里面的数据
            v, ok : = <- ch
            if !ok {
                    break
            }
        fmt.Println(v)
        time.Sleep(1 * time.Second)
    }
    fmt.Println("Channel 关闭")
}
```

### 2. for range 循环取值

使用 Go 语言的 for range，可以省去判断 Channel 是否关闭的操作，当检测到 Channel 关闭时，for range 会自动退出，代码如下：

```go
//unit10/channel/5.for range 取值.go
package main

import (
    "fmt"
    "time"
)

var ch = make(chan string)

//write 往 ch 里面写入数据
func write() {
    var count = 10
    for {
            //写入当前时间
            ch <- time.Now().Format("2006 - 01 - 02 15:04:05")
```

```
                time.Sleep(1 * time.Second)
                count--
                if count == 0 {
                        break
                }
        }
        close(ch)
}


func main() {
        go write()

        for s := range ch {
                fmt.Println(s)
        }
        fmt.Println("Channel 关闭")

}
```

### 3. select 取值

select 是 Go 在语言层面提供的多路 IO 复用的机制，其可以检测多个 Channel 是否可读或可写，使用起来非常方便，代码如下：

```
//unit10/channel/6.select 取值.go
package main

import (
    "fmt"
    "time"
)

var ch = make(chan string)

//write 往 ch 里面写入数据
func write() {
    var count = 10
    for {
            //写入当前时间
            ch <- time.Now().Format("2006-01-02 15:04:05")
            time.Sleep(1 * time.Second)
            count--
            if count == 0 {
                    break
            }
    }
    close(ch)
}
```

```
func main() {
    go write()
    for {
        select {
        case v : = <- ch:
                //通过里面是不是空值来判断协程是不是关闭了
                if v == "" {
                        fmt.Println("Channel 关闭")
                        return
                }
                fmt.Println(v)
        }
    }
}
```

11min

## 10.3　select

Go 语言中的 select 语句是一种控制结构,用于在多个通信操作中选择一个可执行的操作。它主要协调多个 Channel 的读写操作,从而能够在多个 Channel 中进行非阻塞的数据传输、同步和控制。

select 语句的使用场景包括等待多个通道的消息(多路复用)、超时等待通道消息及在通道上进行非阻塞读写。

### 10.3.1　select 特点

总结一下 select 的几个主要特点:

(1) select 中各个 case 的执行顺序是随机的。

(2) 如果某个 case 中的 Channel 已经可读可写,则执行相应的语句并退出 select 流程。

(3) 如果所有的 case 中的 Channel 都没有准备好,则有 default 会先执行 default,然后退出 select,如果没有 default,则 select 将阻塞直至 Channel 准备好。

(4) case 后面不一定是读 Channel,也可以写 Channel,只要是对 Channel 的操作就可以。

(5) 空的 select 语句将被阻塞,直至发生 panic。

### 10.3.2　带 default 的语句

观察如下代码,思考一下输出什么?

```
//unit10/select/1.随机性.go
package main

import (
```

```
    "fmt"
    "time"
)

func main() {
    chan1 := make(chan int)
    chan2 := make(chan int)

    //开启一个协程并立即执行
    go func() {
        chan1 <- 1
        time.Sleep(5 * time.Second)
    }()

    go func() {
        chan2 <- 1
        time.Sleep(5 * time.Second)
    }()

    select {
    case <- chan1:
        fmt.Println("chan1 ready.")
    case <- chan2:
        fmt.Println("chan2 ready.")
    default:
        fmt.Println("default")
    }

    fmt.Println("main exit.")
}
```

由于 select 中各个 case 的执行顺序是随机的,所以结果是不确定的。

## 10.3.3 不带 default 的语句

观察如下代码,思考一下如何输出?

```
//unit10/select/2.阻塞性.go
package main

import (
    "fmt"
    "time"
)

func main() {
    chan1 := make(chan int)
    chan2 := make(chan int)
```

```
//开启一个协程并立即执行
go func() {
        time.Sleep(5 * time.Second)
        chan1 <- 1
}()

go func() {
        time.Sleep(5 * time.Second)
        chan2 <- 1
}()

select {
case <- chan1:
        fmt.Println("chan1 ready.")
case <- chan2:
        fmt.Println("chan2 ready.")
        //default:
        //        fmt.Println("default")
}

fmt.Println("main exit.")
}
```

把 default 语句注释掉之后,select 就会在这里阻塞 5s,然后 chan1 和 chan2 的打印也是随机执行的。

## 10.3.4　关闭 Channel 监听

select 不仅可以监听是否写入,还能监听 Channel 是否关闭,代码如下:

```
//unit10/select/3.关闭监听.go
package main

import (
    "fmt"
    "time"
)

func main() {
    chan1 := make(chan int)
    chan2 := make(chan int)

    //开启一个协程并立即执行
    go func() {
            time.Sleep(5 * time.Second)
            close(chan1)                    //关闭 chan1
    }()
```

```
go func() {
        time.Sleep(5 * time.Second)
        close(chan2)
}()

select {
case <- chan1:
        fmt.Println("chan1 close.")
case <- chan2:
        fmt.Println("chan2 close.")
}

fmt.Println("main exit.")
}
```

借助这个特性,可以非常方便地在多个协程之间进行数据传输,多个协程之间产生的数据会被发送到各自的 Channel,然后启动一个协程去接收这些数据,最后使用一个 Channel 去标记 Channel 是否关闭,代码如下:

```
//unit10/select/4.channel 数据传输.go
package main

import (
    "fmt"
    "time"
)

func main() {
    var ch1 = make(chan int)
    var ch2 = make(chan int)
    var done = make(chan struct{})        //用于标记是否结束
    go func() {
            ch1 <- 1
    }()
    go func() {
            ch2 <- 1
            time.Sleep(5 * time.Second)
            close(done)
    }()


    func() {
            for {
                    select {
                    case <- ch1:
                            fmt.Println("从 ch1 读到数据")
                    case <- ch2:
                            fmt.Println("从 ch2 读到数据")
                    case <- done:
```

```
                              fmt.Println("结束")
                              return
                      }
              }
      }()
      fmt.Println("主线程结束")
}
```

## 10.3.5 空的 select 将一直阻塞

对于空的 select 语句,程序会被阻塞,准确地说是当前协程被阻塞,同时 Go 语言自带死锁检测机制,当发现当前协程再也没有机会被唤醒时,则会发生 panic,代码如下:

```
//unit10/select/5.空 select.go
package main

func main() {
    select {}          //会 panic fatal error: all goroutines are asleep - deadlock!
}
```

但是,如果有协程正在运行,select 就只会阻塞当前线程,代码如下:

```
//unit10/select/5.空 select.go
package main

func main() {
    //有一个协程被调用了
    go func() {
            for {

            }
    }()
    select {}                //不再死锁报错了
}
```

## 10.3.6 select 定时器

很多情况下,执行一个任务会有一个超时时间,如果超过这段时间任务仍然没有执行完毕就会关闭这个协程,在 Go 语言中可以使用 time.After 来控制某些耗时较长的行为,在超时后不再等待,以使程序行为可预期,代码如下:

```
//unit10/select/6.定时器.go
package main

import (
    "fmt"
```

```
        "time"
)

func main() {
    go func() {
            //执行一个任务,源源不断地输出时间
            for {
                    fmt.Println(time.Now().Format("2006 - 01 - 02 15:04:05"))
                    time.Sleep(time.Second)
            }

    }()

    func() {
            for {

                    select {
                    case <- time.After(5 * time.Second):
                            fmt.Println("程序执行了 5s,超时了")
                            return
                    }
            }
    }()

    fmt.Println("主程序结束")

}
```

当然,这里的协程被关闭了,这是因为主线程结束了,所以协程跟着结束了,如果想实现把一个协程关闭,主线程还在运行,则需要对协程函数改造一下,代码如下:

```
//unit10/select/7.定时器关闭协程.go
package main

import (
    "fmt"
    "time"
)

func main() {
    //判断协程有没有关闭
    stopChan := make(chan struct{})
    go func() {
            //执行一个任务,源源不断地输出时间
            for {
                    select {
                    case <- stopChan:
                            fmt.Println("协程关闭")
                            return
                    default:
```

```
                                    fmt.Println(time.Now().Format("2006 - 01 - 02 15:04:05"))
                                    time.Sleep(time.Second)
                            }
                    }
            }()

            func() {
                    for {
                            select {
                            case <- time.After(5 * time.Second):
                                    fmt.Println("程序执行了 5s,超时了")
                                    close(stopChan)
                                    return
                            }
                    }
            }()

            fmt.Println("主程序结束")
            //验证一下,协程是被关闭的, 不能用 select,因为协程已经关闭了,会死锁
            time.Sleep(3 * time.Second)
    }
```

## 10.4　协程的设计与原理

为了了解 Go 语言协程的设计,本节从历史设计出发,来看最终 goroutine 怎么一步一步地发展到现在的设计的。

### 10.4.1　单进程时代

早期的操作系统的每个程序就是一个进程,操作系统在一段时间只能运行一个进程,直到这个进程运行完,才能运行下一个进程,这个时期可以称为单进程时代——串行时代。

进程之间串行执行,A、B、C 这 3 个进程按顺序执行,如图 10-3 所示。

单进程时代的两个主要问题:

(1) 单一执行流程、计算机只能一个任务一个任务地进行处理。

(2) 进程阻塞所带来的 CPU 浪费时间是不可避免的(例如进程 A 阻塞了,由于 CPU 是单进程的,所以没有任何切换能力,需要等待进程 A 结束后才能执行下个进程)。

遇到这种问题,怎么才能充分利用 CPU 呢?

### 10.4.2　多进程时代

后来操作系统就具有了最早的并发能力:多进程并发,当一个进程阻塞时,切换到另外等待执行的进程,这样就能尽量把 CPU 利用起来,CPU 就不浪费了。

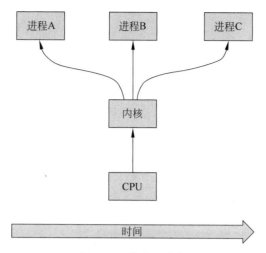

**图 10-3 单进程时代**

在多进程时代,有了时间片的概念,进程按照调度算法分时间片在 CPU 上执行,A、B、C 这 3 个进程按照时间片并发执行(调度算法),如图 10-4 所示。

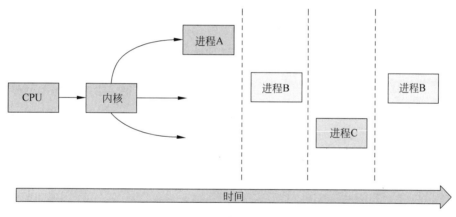

**图 10-4 多进程时代**

这样做主要有两个优点:

(1) 对于单个核可以并发执行多个进程,应用场景更加丰富。

(2) 当某个进程 IO 阻塞时,也能保证 CPU 的利用率。

但是随着时代的发展,CPU 通过进程来进行调度的缺点也越发明显。

进程切换需要:

(1) 切换页目录以使用新的地址空间。

(2) 切换内核栈和硬件上下文。

因为进程拥有太多资源,所以在创建、切换和销毁时会占用很长时间,CPU 虽然利用起来了,但 CPU 有很大的一部分资源被用来进行进程调度了。

怎么才能提高 CPU 的利用率呢?

### 10.4.3　多线程时代

轻量级的进程：线程诞生了。线程运行所需要的资源比进程少很多。

对于线程和进程，可以这样理解：

(1) 当进程只有一个线程时，可以认为进程就等于线程。

(2) 当进程拥有多个线程时，这些线程会共享相同的虚拟内存和全局变量等资源。这些资源在上下文切换时是不需要修改的。

(3) 线程也有自己的私有数据，例如栈和寄存器等，这些在上下文切换时也需要保存。

线程是 CPU 调度的最小单位，进程是资源分配的最小单位。

(1) 进程：进程是资源分配的最小单位，进程在执行过程中拥有独立的内存单元。

(2) 线程：线程是 CPU 调度的最小单位，线程切换只需保存和设置少量寄存器的内容。

虽然线程比较轻量，但是在调度时也有比较大的额外开销。每个线程会都占用 1MB 以上的内存空间，在切换线程时不仅会消耗较多的内存，恢复寄存器中的内容还需要向操作系统申请或者销毁资源。

多进程、多线程已经提高了系统的并发能力，但是在当今互联网高并发场景下，为每个任务都创建一个线程是不现实的，因为每个线程都需要有自己的栈空间，大量的线程需要占用大量的内存空间，同时线程的数量还受系统参数 threads-max 等的限制。

有没有更轻量级的线程来支持当今互联网的高并发场景呢。如何才能在充分地利用 CPU、内存等资源的情况下，实现更高的并发呢？

### 10.4.4　协程时代

协程作为用户态线程，也是轻量级的线程，用来解决高并发场景下线程切换的资源开销。

线程分为内核态线程和用户态线程，用户态线程需要绑定内核态线程，CPU 并不能感知用户态线程的存在，它只知道它在运行 1 个线程，这个线程实际上是内核态线程。

用户态线程实际上有个名字叫协程(co-routine)，为了容易区分，使用协程指用户态线程，使用线程指内核态线程。

(1) 线程/进程是内核进行调度，有 CPU 时间片的概念，进行抢占式调度(有多种调度算法)。

(2) 协程对内核是透明的，也就是系统并不知道有协程的存在，是完全由用户自己的程序进行调度的，因为是由用户程序自己控制的，那么就很难像抢占式调度那样做到强制地 CPU 的控制权切换到其他进程/线程，通常只能进行协作式调度，需要协程自己主动地把控制权转让出去之后，其他协程才能被执行。

### 10.4.5　协程的调度

#### 1. 1：1 调度

1 个协程绑定 1 个线程，这种最容易实现。协程的调度都由 CPU 完成了，但有一个缺点，也就是协程的创建、删除和切换的代价都由 CPU 完成，上下文切换很慢，同等于线程切换，如图 10-5 所示。

#### 2. N：1 调度

N 个协程绑定 1 个线程，其优点是协程在用户态线程即完成切换，不会陷入内核态，这种切换非常轻量快速，但也有很大的缺点，1 个进程的所有协程都绑定在 1 个线程上，一是某个程序用不了硬件的多核加速能力；二是一旦某协程阻塞，会造成线程

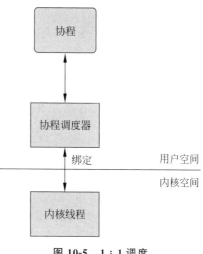

图 10-5　1：1 调度

阻塞，从而使本进程的其他协程都无法执行了，根本就没有并发的能力了，如图 10-6 所示。

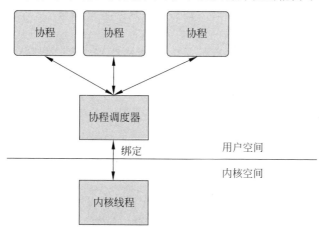

图 10-6　N：1 调度

#### 3. M：N 调度

M 个协程绑定 N 个线程，是 N：1 和 1：1 类型的结合，克服了以上两种模型的缺点，但实现起来最复杂，如图 10-7 所示。

### 10.4.6　Go 语言协程调度

Go 语言的调度器通过与 CPU 数量相等的线程减少线程频繁切换的内存开销，同时在每个线程上执行额外开销更低的协程来降低操作系统和硬件的负载。

而每个协程非常轻量，只占几 KB 的内存，这就能在有限的内存空间内支持大量协程，

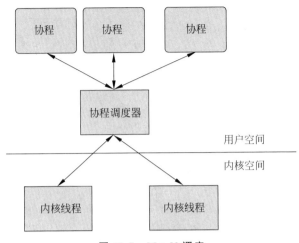

图 10-7   *M*：*N* 调度

支持了更多的并发。虽然一个协程的栈只占几 KB,但实际上是可伸缩的,如果需要更多内容,则 runtime 会自动为协程分配。

协程建立在操作系统线程基础之上,它与操作系统线程之间实现了一个多对多(*M*：*N*)的两级线程模型。

这里的 *M*：*N* 是指 *M* 个协程运行在 *N* 个内核线程之上,内核负责对这 *N* 个操作系统线程进行调度,而这 *N* 个系统线程又通过协程调度器负责对这 *M* 个协程进行调度和运行。

### 1. G-M 模型

Go 1.0 的协程采用的是 G-M 模型,如图 10-8 所示。

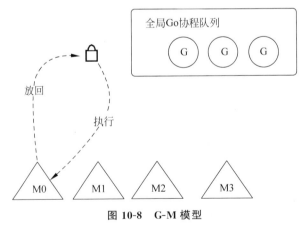

图 10-8   G-M 模型

(1) G 指 Goroutine,本质上是轻量级线程,包括调用栈及重要的调度信息,例如 Channel。

(2) M 指 Machine,一个 M 关联一个内核 OS 线程,由操作系统管理。

M(内核线程)想要执行、放回 G 都必须访问全局 G 队列，并且 M 有多个，即多线程访问同一资源需要加锁进行保证互斥/同步，所以全局 G 队列是由互斥锁进行保护的。

这个调度器主要有以下几个缺点：

（1）存在单一全局互斥锁和集中状态。全局锁保护所有协程相关操作（如创建、完成、重新调度等），从而导致锁竞争问题严重。

（2）协程传递问题：经常在 M 之间传递"可运行"的协程，这会导致调度延迟增大。

（3）每个线程 M 都需要做内存缓存(M. mcache)，从而导致内存占用过高，并且数据局部性较差。

（4）系统调用会频繁地阻塞和解除阻塞正在运行的线程，从而导致额外的性能损耗。

**2. GPM 模型**

新的协程调度器引入了 P(Processor)，成为完善的 GPM 模型。Processor 包含了运行协程的资源，如果线程想运行协程，则必须先获取 P，P 中还包含了可运行的 G 队列，如图 10-9 所示。

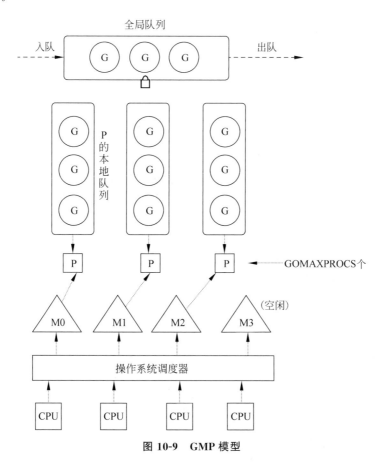

图 10-9　GMP 模型

图 10-9 中的一些概念解释如下。

(1) 全局队列(Global Queue)：存放等待运行的 G。

(2) P 的本地队列：与全局队列类似，存放的也是等待运行的 G，存放的数量有限，不超过 256 个。新建 G 时，G 优先加入 P 的本地队列，如果队列满了，则会把本地队列中一半的 G 移动到全局队列。

(3) P 列表：所有的 P 都在程序启动时创建，并保存在数组中，最多有 GOMAXPROCS(可配置)个。

(4) M：线程想运行任务就得获取 P，从 P 的本地队列获取 G，当 P 队列为空时，M 也会尝试从全局队列取一批 G 放到 P 的本地队列，或从其他 P 的本地队列取一半放到自己 P 的本地队列。M 运行 G，G 执行之后，M 会从 P 获取下一个 G，不断地重复下去。

Goroutine 调度器和 OS 调度器是通过 M 结合起来的，每个 M 都代表 1 个内核线程，OS 调度器负责把内核线程分配到 CPU 的核上执行。

明确了 GPM 模型的框架，自然就需要知道这个模型里面的 G、P、M 的相关信息。

(1) P 的数量：由启动时的环境变量 $GOMAXPROCS 或者由 runtime 的方法 GOMAXPROCS() 决定。这意味着在程序执行的任意时刻都只有 $GOMAXPROCS 个 goroutine 在同时运行。

(2) M 的数量：

① Go 程序启动时会设置 M 的最大数量，默认为 10 000 个，但是内核很难支持这么多线程数，所以这个限制可以忽略。

② runtime/debug 中的 SetMaxThreads 函数，设置 M 的最大数量。

③ 如果一个 M 阻塞了，则会创建新的 M。

图 10-9 中的 M 与 P 的数量没有绝对关系，如果一个 M 阻塞，P 就会去创建或者切换另一个 M，所以即使 P 的默认数量是 1，也有可能会创建很多个 M 出来。

(1) P 的创建：在确定了 P 的最大数量 $n$ 后，运行时系统会根据这个数量创建 $n$ 个 P。

(2) M 的创建：没有足够的 M 来关联 P 并运行其中的可运行的 G，例如所有的 M 此时都阻塞住了，而 P 中还有很多就绪任务，此时就会去寻找空闲的 M，而由于没有空闲的，所以就会去创建新的 M。

# 第 11 章

# 线程安全与异常处理

Go 是一种并发的编程语言,它提供了原生的协程和信道机制,使编写并发代码变得更加简单和直观。同时,也引发了线程安全问题。

## 11.1　线程为什么不安全

当多个线程操作同一个变量时,就会出现线程安全问题,代码如下:

```go
//unit11/线程安全/1.线程不安全.go
package main

import (
    "fmt"
    "sync"
)

var num = 0

func main() {
    var wait sync.WaitGroup
    wait.Add(2)
    go func() {
        for i : = 0; i < 100000; i++{
            num++
        }
        wait.Done()
    }()
    go func() {
        for i : = 0; i < 100000; i++{
            num++
        }
        wait.Done()
    }()
    wait.Wait()
    fmt.Println(num)          //正常情况下,不等于 200 000
}
```

如果是单线程运行,结果就应该是 200 000,但是在多线程运行下,为什么会出现这么大的偏差呢? 其实,这样的运行结果是由于线程不安全导致的。

事实上,上面的 num++操作,在 CPU 指令角度看,本质上是 3 个操作:

(1) 把内存中的数据加载到 CPU 的寄存器中。

(2) 对寄存器中的数据进行加一运算。

(3) 把寄存器中的数据写回内存中。

如果是单个线程执行,则没有问题,但是如果是多个线程并发执行,就可能出现错误。由于 CPU 调度线程的顺序是不确定的,因此在这两个线程并发执行的过程中,线程 1 的操作可能会和线程 2 的操作相互影响。

线程安全问题表现为 3 个方面:原子性、可见性和有序性。

### 1. 原子性

原子(Atomic)表示不可分割,原子操作的不可分割主要有两层含义:

(1) 访问(读、写)某个共享变量的操作从其他线程来看,该操作要么已经执行完毕,要么尚未发生,即其他线程得不到当前操作的中间结果。

(2) 访问同一组实例变量是不能交错的。

### 2. 可见性

在多线程环境中,一个线程对某个共享变量进行更新后,后续其他的线程可能无法立即读取到这个更新过的结果,这就是线程安全的另一种问题:可见性(Visibility)。

如果一个线程对共享变量更新后,其他线程能够读取到更新后的结果,则称该线程对共享变量的更新对其他线程可见,否则为不可见。

多线程程序因为可见性问题可能会导致其他线程读取到旧数据(脏数据)。

### 3. 有序性

有序性(Ordering)是指在什么情况下一个处理器上运行的一个线程所执行的内存访问操作在另一个处理器运行的线程来看是乱序的。

## 11.2    如何解决线程安全问题

作为一门高并发的编程语言,Go 语言的并发控制机制非常重要,其中最常用的机制之一就是锁机制。

### 11.2.1    互斥锁

在 Go 语言中,最常用的锁是互斥锁(Mutex)。互斥锁是一种特殊的二进制信号量,用于控制对共享资源的访问。Go 语言通过标准库中的 sync 包提供了互斥锁功能。互斥锁的类型定义如下:

```
type Mutex struct {
    state int32
    sema uint32
}
```

其中,state 字段用于记录锁的状态,sema 字段是一个信号量。

在使用互斥锁之前,需要通过调用 Lock 方法获取锁。如果锁已经被其他协程持有,则当前协程将会被阻塞,等待锁的释放,代码如下:

```
var mu sync.Mutex
mu.Lock()
mu.Unlock()
```

通过加锁的机制,就可以解决线程安全问题,代码如下:

```go
//unit11/线程安全/2.线程安全+加锁.go
package main

import (
    "fmt"
    "sync"
)

func main() {
    var num = 0
    var wait sync.WaitGroup
    var mutex sync.Mutex
    wait.Add(2)
    go func() {
        //上锁
        mutex.Lock()
        for i := 0; i < 100000; i++{
            num++
        }
        //解锁
        mutex.Unlock()
        wait.Done()
    }()
    go func() {
        //上锁
        mutex.Lock()
        for i := 0; i < 100000; i++{
            num++
        }
        //解锁
        mutex.Unlock()
        wait.Done()
    }()
    wait.Wait()
    fmt.Println(num)          //200000
}
```

调用 Lock()上锁之后,一定要记得调用 Unlock()进行解锁,否则程序将会进入死锁状态,从而引发 panic 错误。

如果需要让一个协程函数变成线程安全的函数,则可以使用 defer 特性,代码如下:

```go
go func() {
    //上锁
    mutex.Lock()
    defer mutex.Unlock()                //函数结束后就解锁
    for i := 0; i < 100000; i++{
        num++
    }
    wait.Done()
}()
```

这个机制非常简单,但实际上效率并不高。如果有很多协程试图获取同一个互斥锁,则处理时就很容易产生拥塞,从而使整个程序的效率降低。

6min

## 11.2.2　读写锁

在一些需要进行读写操作的场景下,互斥锁的效率很低。因为互斥锁只能保证在同一时刻只有一个协程能够访问共享资源,读操作和写操作都需要先等待锁的释放,但是,如果只有读操作,则这种等待并没有必要。因为多个协程可以同时对同一个资源进行读操作,而不会对数据产生破坏性修改。

这时就需要用到读写锁(RWMutex)。读写锁是一种特殊的互斥锁。一个资源可以被多个协程同时进行读操作,但只能被一个协程进行写操作,因此,在写操作时,所有读操作将会被阻塞,等待写操作结束。读写锁的类型定义如下:

```go
type RWMutex struct {
    w         Mutex          //用于写操作的互斥锁
    writerSem uint32
    readerSem uint32
    readerCount int32        //当前进行读操作的协程数量
    readerWait int32         //等待读操作的协程数量
}
```

读写锁有很多方法:

(1) RLock 这种方法是读锁,当写锁存在时,无法加载读锁,只有当不存在锁或只有读锁时才能使用。读锁可以同时加载多个,适用于多读少写的场景。

(2) RUnlock 这种方法是读解锁,用来撤销单次的读锁操作。

(3) Lock 这种方法是写上锁,如果在添加写上锁之前已经有其他的读锁和写锁了,此时这个 Lock 就会被阻塞,直到可以使用。

(4) Unlock 这种方法是写解锁,如果没有绑定写锁而直接写解锁就会引发运行时错误。

读操作的代码如下：

```go
//unit11/线程安全/3.读写锁 - 读.go
package main

import (
    "fmt"
    "sync"
    "time"
)

var rwMutex sync.RWMutex

var wg sync.WaitGroup

func main() {
    wg.Add(2)              //这里记得 + add
    //在主函数中启动 2 条 goroutine
    go readData(1)
    go readData(2)

    wg.Wait()
    fmt.Println("main func end")
}

func readData(i int) {
    defer wg.Done()
    fmt.Println(i, "start locking!")
    //给读操作上锁
    rwMutex.RLock()
    //读数据
    fmt.Println(i, "Reading data")
    //睡一下
    time.Sleep(1 * time.Second)
    //读解锁
    rwMutex.RUnlock()
    //打印提示信息
    fmt.Println(i, "Read over")
}
```

输出的结果如下：

```
2 start locking!
2 Reading data
1 start locking!
1 Reading data
1 Read over
2 Read over
main func end
```

---

**注意**：只是对这个结果进行分析，并不一定是这个结果。

---

从打印结果可知，第 2 条 goroutine 先上读锁，然后第 2 条开始读取，然后第 1 条上读锁，从这里就可以看出，因为第 2 条的读锁还没有读解锁，第 1 条的读锁就上了，所以这里的读锁并不互斥，之后第 1 条开始读取，第 2 条读解锁，第 1 条读解锁，主 goroutine 结束。

写操作的代码如下：

```go
//unit11/线程安全/4.读写锁-写.go
package main

import (
    "fmt"
    "sync"
    "time"
)

var rwMutex sync.RWMutex

var wg sync.WaitGroup

func main() {
    wg.Add(4)
    //在主函数中启动 4 条 goroutine
    go readData(1)
    go readData(2)
    go writeData(3)
    go writeData(4)

    wg.Wait()
    fmt.Println("main func end")
}

func readData(i int) {
    defer wg.Done()
    fmt.Println(i, "start locking!")
    //给读操作上锁
    rwMutex.RLock()
    //读数据
    fmt.Println(i, "Reading data")
    //睡一下
    time.Sleep(1 * time.Second)
    //读解锁
    rwMutex.RUnlock()
    //打印提示信息
    fmt.Println(i, "Read over")
}
```

```
func writeData(i int) {
    defer wg.Done()
    fmt.Println(i, " Writing Start")
    //写上锁
    rwMutex.Lock()
    fmt.Println(i, "～～～ writing right now～～～")
    time.Sleep(1 * time.Second)
    rwMutex.Unlock()
    fmt.Println(i, "writing completed")
}
```

输出如下：

```
2 start locking!
2 Reading data
3 Writing Start
4 Writing Start
1 start locking!
2 Read over
3 ～～～ writing right now～～～
3 writing completed
1 Reading data
1 Read over
4 ～～～ writing right now～～～
4 writing completed
main func end
```

由分析可知,只有在 goroutine4 结束写之后 goroutine3 才获得权限开始写。

## 11.2.3　一次性锁

5min

在某些场景下,需要初始化一些资源,例如单例对象、配置等。实现资源的初始化有多种方法,如定义 package 级别的变量、在 init()函数中进行初始化,或者在 main()函数中进行初始化。这 3 种方式都能确保并发安全,并在程序启动时完成资源的初始化。

然而,有时希望采用延迟初始化的方式,在真正需要资源时才进行初始化,这种需要确保并发安全,在这种情况下,Go 语言中的 sync.Once 提供了一个优雅且并发安全的解决方案。

### 1. 什么是 sync.Once

sync.Once 是 Go 语言中的一种同步原语,用于确保某个操作或函数在并发环境下只被执行一次。它只有一个导出的方法,即 Do,该方法接收一个函数参数。在 Do 方法被调用后,该函数将被执行,而且只会执行一次,即使在多个协程同时调用的情况下也是如此。

### 2. sync.Once 的应用场景

sync.Once 主要用于以下场景。

(1) 单例模式：确保全局只有一个实例对象,避免重复创建资源。

（2）延迟初始化：在程序运行过程中当需要用到某个资源时，通过 sync.Once 动态地初始化该资源。

（3）只执行一次的操作：例如只需执行一次的配置加载、数据清理等操作。

### 3. sync.Once 实现单例模式

在单例模式中，需要确保一个结构体只被初始化一次，代码如下：

```go
//unit11/线程安全/5.一次性锁－单例模式.go
package main

import (
    "fmt"
    "sync"
)

type Singleton struct{}

var (
    instance *Singleton
    once sync.Once
)

func GetInstance() *Singleton {
    once.Do(func() {
            fmt.Println("真的就只执行一次")
            instance = &Singleton{}
    })
    return instance
}

func main() {
    var wg sync.WaitGroup

    for i := 0; i < 5; i++{
            wg.Add(1)
            go func() {
                    defer wg.Done()
                    s := GetInstance()
                    fmt.Printf("Singleton instance address: %p\n", s)
            }()
    }

    wg.Wait()
}
```

在上述代码中，GetInstance 函数通过 once.Do()确保 instance 只会被初始化一次。在并发环境下，多个协程同时调用 GetInstance 时，只有一个协程会执行 instance＝&Singleton{}，所有协程得到的实例 s 都是同一个。

### 4. sync.Once 延迟初始化

有时希望在需要时才初始化某些资源,使用 sync.Once 可以实现这一目标,代码如下:

```go
//unit11/线程安全/6.一次性锁-延迟初始化.go
package main

import (
    "fmt"
    "sync"
)

type Config struct {
    config map[string]string
}

var (
    config  * Config
    once sync.Once
)

func GetConfig()  * Config {
    once.Do(func() {
            fmt.Println("init config...")
            config = &Config{
                    config: map[string]string{
                            "c1": "v1",
                            "c2": "v2",
                    },
            }
    })
    return config
}

func main() {
    //第 1 次需要获取配置信息,初始化 config
    cfg := GetConfig()
    fmt.Println("c1: ", cfg.config["c1"])

    //第 2 次需要,此时 config 已经被初始化过,无须再次初始化
    cfg2 := GetConfig()
    fmt.Println("c2: ", cfg2.config["c2"])
}
```

在这个示例中,定义了一个 Config 结构体,它包含一些设置信息。使用 sync.Once 来实现 GetConfig 函数,该函数在第 1 次调用时初始化 Config。这样可以在真正需要时才初始化 Config,从而避免不必要的开销。

### 11.2.4　sync.Pool

sync.Pool用来保存可以被重复使用的临时对象,以便在以后的同类操作中可以重复使用,从而避免了反复创建和销毁临时对象带来的开销及对GC造成的压力。常用池化技术来提高程序的性能,例如连接池、线程池等。sync.Pool是并发安全的,可以在多个goroutine中并发调用sync.Pool存取对象。

在Go的很多标准库和很多知名的开源库中可以看到大量使用sync.Pool的场景,例如encoding/json包中的Valid方法使用sync.Pool创建scanner对象,Gin框架使用sync.Pool来复用每个请求都会创建的gin.Context对象。

但需要注意的是,sync.Pool保存的对象随时可能在不发出通知的情况下被清除,因此不能使用sync.Pool存储需要持久化的对象。

初始化sync.Pool时,需要提供一个对象的构造函数New。使用Get从对象池中获取对象,使用Put将对象放回对象池,代码如下:

```go
//unit11/线程安全/sync.pool.go
package main

import (
    "fmt"
    "sync"
)

type scanner struct {
    Name string
}

func main() {
    pool := sync.Pool{
            //New 函数用于创建新对象
            New: func() interface{} {
                    return &scanner{
                            Name: "json",
                    }
            },
    }

    //从对象池中获取对象
    scan := pool.Get().(*scanner)
    fmt.Println(scan.Name)                    //json
    //更新对象池中的对象
    var scan1 = scanner{
            Name: "form",
    }
    pool.Put(scan1)
```

```
    scan1 = pool.Get().(scanner)           //注意这里断言的类型
    fmt.Println(scan1.Name)                //form
}
```

## 11.3 线程安全 sync. Map

在并发场景下使用 map，代码如下：

```
//unit11/线程安全/7.sync.map.go
package main

import "sync"

func main() {
    wait := sync.WaitGroup{}
    var mp = make(map[int]int)
    go func() {
        for i := 0; i < 100; i++{
            mp[i] = i
        }
        wait.Done()
    }()
    go func() {
        for i := 0; i < 100; i++{
            mp[i] = i
        }
        wait.Done()
    }()
    wait.Add(2)
    wait.Wait()
}
```

会引发 panic 错误，如图 11-1 所示。

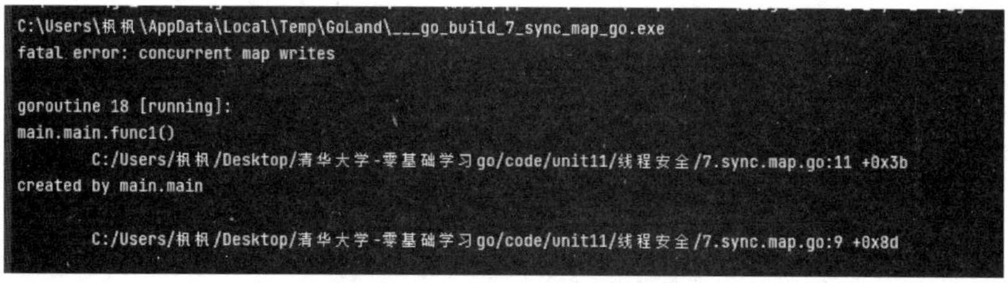

```
C:\Users\枫枫\AppData\Local\Temp\GoLand\___go_build_7_sync_map_go.exe
fatal error: concurrent map writes

goroutine 18 [running]:
main.main.func1()
        C:/Users/枫枫/Desktop/清华大学-零基础学习go/code/unit11/线程安全/7.sync.map.go:11 +0x3b
created by main.main
        C:/Users/枫枫/Desktop/清华大学-零基础学习go/code/unit11/线程安全/7.sync.map.go:9 +0x8d
```

图 11-1 map 并发场景报错

可以使用加锁的方式解决并发问题，代码如下：

```
//unit11/线程安全/8.map-加锁.go
package main
```

```
import "sync"

var wait sync.WaitGroup
var mutex sync.Mutex

func main() {

    var mp = make(map[int]int)
    go do(mp)
    go do(mp)
    wait.Add(2)
    wait.Wait()
}

func do(m map[int]int) {
    for i : = 0; i < 100; i++{
            mutex.Lock()
            m[i] = i
            mutex.Unlock()
    }
    wait.Done()
}
```

但是这样简单地进行加锁并不是最优解,性能会有所下降,因为在读写时都需要加锁。

在 11.2.1 节中使用了 sync.Mutex 来保证并发安全,但是在读和写时都需要加互斥锁。这就意味着,就算多个协程进行并发读,也需要等待锁。

但是互斥锁的粒度太大了,但实际上,并发读是没有什么太大问题的,应该被允许才对。如果允许并发读,则可以提高性能。

所以可以使用 sync.RWMutex 来保证并发安全,代码如下:

```
//unit11/线程安全/9.map-加读写锁.go
package main

import "sync"

var wait sync.WaitGroup
var mutex sync.RWMutex

func main() {
    var mp = make(map[int]int)
    go read(mp)
    go write(mp)
    wait.Add(2)
    wait.Wait()
}

func read(m map[int]int) {
```

```
    for i : = 0; i < 100; i++{
            mutex.RLock()
            _  = m[i]                        //读
            mutex.RUnlock()
    }
    wait.Done()
}

func write(m map[int]int) {
    for i : = 0; i < 100; i++{
            mutex.Lock()
            m[i] = i                         //写
            mutex.Unlock()
    }
    wait.Done()
}
```

但是就算使用了 sync.RWMutex,仍然有一些锁的开销。那么能不能再优化一下呢？答案是可以的,那就是使用 sync.Map。

sync.Map 在锁的基础上进一步地进行了优化,在一些场景下使用原子操作来保证并发安全,性能更好。

## 11.3.1  sync.Map 基本用法

3min

sync.Map 的使用比较简单,在 map 中有的操作,在 sync.Map 都有,只不过区别是在 sync.Map 中,所有的操作都需要通过调用其方法来进行,代码如下：

```
//unit11/线程安全/10.sync.map 使用.go
package main

import (
    "fmt"
    "sync"
)

func main() {
    var sm sync.Map

    //写入数据
    sm.Store("name", "fengfeng")           //key 和 value 都是任意类型
    sm.Store("age", 25)
    sm.Store("isGender", true)

    //读取数据
    _name, ok : = sm.Load("name")
    if ok {
            fmt.Println(_name)
            fmt.Println(_name.(string))     //可以使用断言到具体类型
```

```
    }

    //遍历
    sm.Range(func(key, value any) bool {
            fmt.Println(key, value)
            //如果返回值为 true,则表示继续遍历
            //如果返回值为 false,则表示停止遍历
            return true
    })

    //删除
    sm.Delete("name")
}
```

注意:在 sync.Map 中,key 和 value 都是 interface{} 类型的,也就是说,可以使用任意类型的 key 和 value,而不像 map,只能存在一种类型的 key 和 value。从这个角度来看,它的类型类似于 map[any]any。

## 11.3.2 sync.Map 为什么快

sync.Map 底层使用了两个原生 map,一个叫 read,仅用于读;一个叫 dirty,用于在特定情况下存储最新写入的 key-value 数据,如图 11-2 所示。

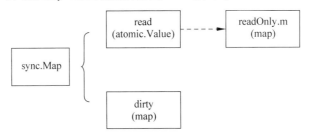

图 11-2 sync.Map 内部构造

read 好比整个 sync.Map 的一个"高速缓存",当 goroutine 从 sync.Map 中读数据时,sync.Map 会首先查看 read 这个缓存层是否有用户需要的数据(key 是否被命中),如果有(key 被命中),则通过原子操作读取数据并返回,这是 sync.Map 推荐的快路径,也是 sync.Map 的读性能极高的原因,读写流程如图 11-3 所示。

sync.Map 的实现原理如下:

(1)通过 read 和 dirty 两个字段实现数据的读写分离,读的数据保存在只读字段 read 上,将最新写入的数据则保存在 dirty 字段上。

(2)读取时会先查询 read,如果不存在,则再查询 dirty,写入时则只写入 dirty。

(3)读取 read 并不需要加锁,而读或写 dirty,则需要加锁。

(4)另外由 misses 字段来统计 read 被穿透的次数(被穿透指需要读 dirty 的情况),超

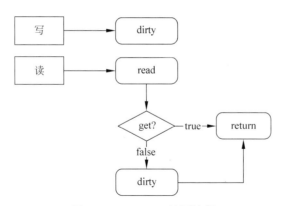

**图 11-3 sync.Map 读写流程**

过一定次数则将 dirty 数据更新到 read 中（触发条件：misses＝＝len(dirty)）。

可见，通过这种读写分离的设计，解决了并发场景下的写入安全，又使读取速度在大部分情况可以接近内建 map，非常适合读多写少的情况。

## 11.4 异常处理

错误是指程序中出现不正常的情况，从而导致程序无法正常执行。假设尝试打开一个文件，但在文件系统中不存在这个文件。这是一个异常情况，它表示此操作为一个错误。

Go 语言的异常处理和大部分编程语言不太一样，Go 语言使用显式返回错误的方式把错误返回，让开发者自行判断，例如字符串转数字的 Atoi() 函数，代码如下：

```
n, err := strconv.Atoi("abc")
if err != nil {
    fmt.Println(err)
}
fmt.Println(n)
```

在 Go 语言中，大部分的函数返回值中有一个 error，它是一个接口，定义如下：

```
type error interface {
    Error() string
}
```

既然 error 是一个接口，也就是说 Go 语言允许开发者返回自定义的错误。

### 11.4.1 自定义错误

编写一个结构体，实现 Error() 方法即可，代码如下：

```
//unit11/异常处理/1.自定义错误.go
package main
```

```
import "fmt"

type MyError struct {
    Code int                //还可以添加些其他的
}

func (e * MyError) Error() string {
    return "这是我自定义的错误"
}

//GetName 如果一个函数有两个返回值,则 error 通常作为第 2 个返回值
func GetName() (name string, err error) {
    return "", &MyError{Code: 404}
}

func main() {
    name, err := GetName()
    if err != nil {
        fmt.Printf("err type: % T\n", err)              //err type: * main.MyError
        //通过断言,获取自定义错误的具体内容
        if myErr, ok := err.( * MyError); ok {
            fmt.Println(myErr.Error(), myErr.Code)      //这是自定义的错误 404
        }
    }
    fmt.Println(name)
}
```

除此之外,Go 语言还提供了 errors. New()和 fmt. Errorf()函数,可以很方便地返回错误,代码如下:

```
err := errors.New("这是一个错误")
fmt.Printf("err % s type: % T\n", err, err)
err = fmt.Errorf("这是一个错误 可以通过 % s 占位", "占位符")
fmt.Printf("err % s type: % T\n", err, err)
```

9min

## 11.4.2　错误的处理方式

在编写程序的过程中,错误处理是一个非常重要的方面。无论是在编写底层的系统代码,还是在编写高层的应用程序都需要考虑错误处理问题。正确地对错误进行处理可以避免程序出现不可预料的错误,提高程序的健壮性和可靠性。

在错误处理的过程中,需要考虑如何处理错误,以及如何向调用者报告错误。通常,错误处理的方式可以分为三类:向上抛、中断程序和恢复程序。

### 1. 向上抛

向上抛是指将错误传递给调用者,由调用者来处理,这也是大部分异常处理机制。通常用于公共代码的错误处理,代码如下:

```go
//unit11/异常处理/3.向上抛.go
package main

import (
    "errors"
    "fmt"
)

func Parent() error {
    err : = method()                //遇到错误向上抛
    return err
}
func method() error {
    return errors.New("出错了")
}

func main() {
    fmt.Println(Parent())
}
```

### 2. 中断程序

中断程序是指直接终止程序的执行,并输出错误信息,一般是用于系统初始化,一旦初始化出现错误,程序便没有办法再继续运行下去,所以中断程序是最好的选择。

可以直接使用 Go 语言中内置的 panic 函数中断程序,代码如下:

```go
//unit11/异常处理/4.中断程序.go
package main

import (
    "fmt"
    "os"
)

func init() {
    //在配置文件中读取,结果路径错了
    _, err : = os.ReadFile("xxx")
    if err != nil {
            panic(err.Error())
    }
}

func main() {
    fmt.Println("程序终止了,看不到这段输出")
}
```

**注意**:并不是只有panic才会终止程序,os.Exit()同样可以退出程序,但需要注意,在程序运行阶段慎用此类方法。

### 3. 恢复程序

在 Go 语言中,如果遇到 panic 错误,程序就直接终止了,并且很多地方会触发 panic 错误,例如索引越界、空指针错误、类型断言错误等,这些 panic 如果发生在程序运行时,则程序就直接终止运行了,俗称"挂了"。

所以 Go 语言提供了一种可以捕获 panic 的机制,即在 defer 中使用 recover() 内置函数可对 panic 进行异常捕获,代码如下:

```go
//unit11/异常处理/5.恢复程序.go
package main

import (
    "fmt"
    "runtime/debug"
)

func read() {
    defer func() {
            if err := recover(); err != nil {
                    fmt.Println(err)            //捕获异常,打印错误信息
                    //打印错误的堆栈信息
                    s := string(debug.Stack())
                    fmt.Println(s)
            }
    }()
    var list = []int{2, 3}
    fmt.Println(list[2])                        //肯定会有一个 panic
}

func main() {
    read()

    fmt.Println("程序并没有终止,还能打印出这句话")
}
```

# 第 12 章

# 泛　型

泛型是一种编程范式,它将类型参数化,可以用于编写灵活且可重用的函数或数据结构,这样就可以用自己的类型来代替那些被硬编码的类型。

在 Go 语言没有泛型之前,若要实现两个数字求和,则需要每种类型都写一遍,代码如下:

```
func addInt(n1, n2 int) int {
    return n1 + n2
}
func addInt8(n1, n2 int8) int8 {
    return n1 + n2
}
func addInt16(n1, n2 int16) int16 {
    return n1 + n2
}
func addInt32(n1, n2 int32) int32 {
    return n1 + n2
}
func addInt64(n1, n2 int64) int64 {
    return n1 + n2
}
func addFloat(n1, n2 float64) float64 {
    return n1 + n2
}
```

从 1.18 版本开始,Go 添加了对泛型的支持,以上代码只需一个函数便可实现,代码如下:

```
//支持所有数字类型进行相加
func add[T int | int8 | int16 | int32 | int64 | uint | uint8 | uint16 | uint32 | uint64 | float32
| float64](n1, n2 T) T {
    return n1 + n2
}
```

```go
func main() {
    fmt.Println(add(1, 2))
    fmt.Println(add(int8(1), int8(2)))
    fmt.Println(add(1.2, 2.2))
}
```

2min

## 12.1 泛型函数

函数定义时可以指定形参,函数调用时需要传入实参,如图 12-1 所示。

形参 (parameter)

```
func add(a, b int) int {
    return a + b
}

func main() {
    add(a:1, b:2)
}
```

实参 (argument)

图 12-1 函数形参和实参

Go 语言中的函数和类型支持添加类型参数。类型参数列表看起来像普通的参数列表,只不过它使用方括号而不是圆括号,如图 12-2 所示。

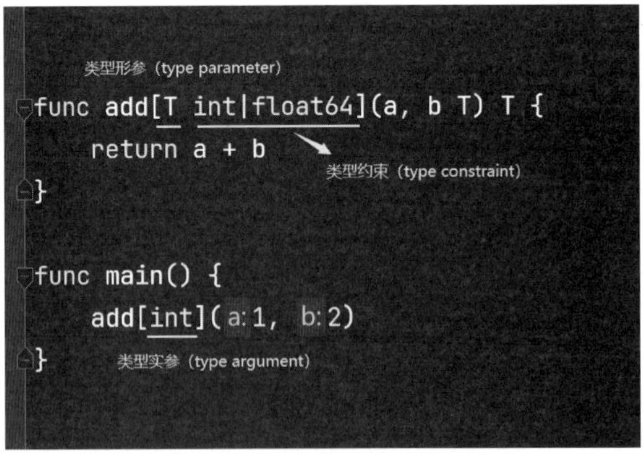

类型形参 (type parameter)

```
func add[T int|float64](a, b T) T {
    return a + b                    类型约束 (type constraint)
}

func main() {
    add[int](a:1, b:2)
}
```

类型实参 (type argument)

图 12-2 泛型的形参和实参

### 12.1.1 泛型约束

用于约束传递进来的类型参数,若类型不匹配,则会在编译阶段报错,代码如下:

```go
func add[T int | int8 | int16 | int32 | int64 | uint | uint8 | uint16 | uint32 | uint64 | float32
| float64](n1, n2 T) T {
    return n1 + n2
}
```

若传递的类型不匹配,则在大部分较为智能的编辑器中会出现特殊的标记,如图 12-3 所示。

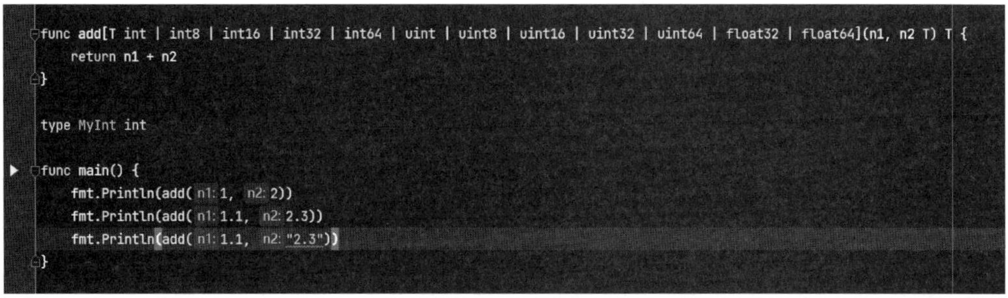

**图 12-3　GoLand 泛型不匹配的错误显示**

还有一些特殊情况,例如编辑器发现不了,但是编译阶段会出错,如图 12-4 所示。

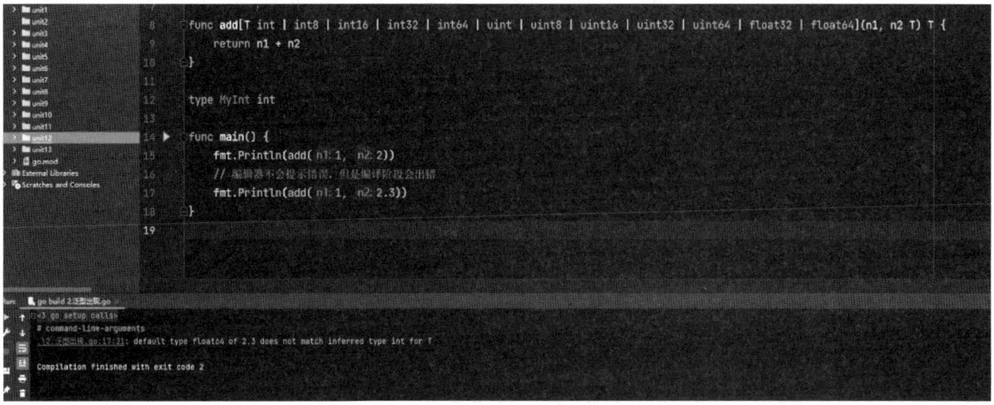

**图 12-4　泛型编译错误**

主要原因是因为大部分编辑器只会校验传递的类型是否满足泛型约束,图 12-4 中的 2.3 对应的类型是 float64,左边的 1 既可以是 float64,也可以是 int 类型,编辑器就把它认为是 float64,所以满足编辑器的校验,但是实际在编译 Go 代码时,左边的 1 会被认为是 int 类型的,所以会导致编译错误。

再回顾这个例子:

```go
func add[T int | int8 | int16 | int32 | int64 | uint | uint8 | uint16 | uint32 | uint64 | float32
| float64](n1, n2 T) T {
    return n1 + n2
}
```

其中写了很长一串类型,这是为了约束传递函数的参数只能是数字类型,但是每次都这样写很麻烦,所以可以将其抽离出来,代码如下:

```go
type Int interface {
    int | int8 | int16 | int32 | int64 | uint | uint8 | uint16 | uint32 | uint64 | float32 |
float64
}

func add[T Int](n1, n2 T) T {
    return n1 + n2
}
```

1min

## 12.1.2　指定底层类型

泛型的默认为强类型约束,例如约束类型为int,那么通过int创建的自定义类型不能传递给这个泛型函数,即使它的底层类型是int,代码如下:

```go
func add[T int](n1, n2 T) T {
    return n1 + n2
}

type MyInt int

func main() {
    fmt.Println(add(1, 2))

    //不能使用自定义类型,虽然它的底层是int
    fmt.Println(add(MyInt(3), MyInt(2)))

}
```

可以使用符号"～"指底层类型约束,代码如下:

```go
func add[T ～int](n1, n2 T) T {
    return n1 + n2
}

type MyInt int

func main() {
    fmt.Println(add(1, 2))

    //只要它的底层是int,就能调用了
    fmt.Println(add(MyInt(3), MyInt(2)))

}
```

## 12.1.3　可比较类型

可比较类型(Comparable Types)是指可以使用"＝＝"和"！＝"进行比较操作的类型,在
Go 语言中,可比较类型有基本数据类型、指针类型、数组类型、结构体类型,代码如下:

```
//判断是否相等
func isEqual1[T any](a1, a2 T) bool {
    return a1 == a2          //错误,无法比较不同类型的变量
}

//正确写法
func isEqual2[T comparable](a1, a2 T) bool {
    return a1 == a2
}
```

## 12.1.4　多参数泛型

多参数的泛型,使用逗号去分隔类型参数即可,代码如下:

```
func getName[T int, K string, V string](p1 T, p2 K, p3 V) {

}

func main() {
    //调用 完整
    getName[int, string, string](10, "hello", "world")
    //调用 简略
    getName(10, "hello", "world")
}
```

## 12.1.5　泛型嵌套

在一个泛型形参中可以嵌套另一个泛型形参,代码如下:

```
func getName[T int, S []T](p1 T, p2 S){

}

func main() {
    //第1种类型确定之后,第2个参数就不能改动了
    getName(10, []int{1,2,3})
}
```

## 12.1.6　常用泛型函数

通过泛型,可以很方便地编写出一些公共的函数。

判断是否在切片中,代码如下:

```
//unit12/判断是否在切片中.go
package main

import "fmt"

func InList[T comparable](List []T, key T) bool {
    for _, t := range List {
        if t == key {
            return true
        }
    }
    return false
}

func main() {
    fmt.Println(InList([]int{1, 2, 3, 4, 5}, 3))        //true
    fmt.Println(InList([]int{1, 2, 3, 4, 5}, 31))       //false
}
```

切片反转,代码如下:

```
//unit12/切片反转.go
package main

import "fmt"

func Reverse[T any](slice []T) {
    for i, j := 0, len(slice) - 1; i < j; i, j = i + 1, j - 1 {
        //两边交换位置
        slice[i], slice[j] = slice[j], slice[i]
    }
}

func main() {
    var slice = []int{1, 2, 3, 4, 5, 6}
    Reverse(slice)
    fmt.Println(slice)
}
```

4min

## 12.2 泛型结构体

泛型结构体和泛型函数的定义类似,代码如下:

```
//unit12/4.泛型结构体.go
package main
```

```go
import "fmt"

type Student struct {
    Num int
    Name string
}

type Map[K comparable, V any] struct {
    Data map[K]V
}

func NewMap[K comparable, V any]() *Map[K, V] {
    return &Map[K, V]{
            Data: make(map[K]V),
    }
}

func (m *Map[K, V]) Set(key K, value V) {
    m.Data[key] = value
}
func (m *Map[K, V]) Get(key K) V {
    return m.Data[key]
}
func (m *Map[K, V]) Exist(key K) bool {
    _, ok := m.Data[key]
    return ok
}
func (m *Map[K, V]) PrintAll() {
    for k, v := range m.Data {
            fmt.Println("key: ", k, ", val: ", v)
    }
}

func main() {
    //使用泛型 map 类型
    intStringMap := NewMap[int, string]()
    intStringMap.Set(1, "a")
    intStringMap.Set(2, "b")
    fmt.Println(intStringMap.Get(1))          //a
    intStringMap.PrintAll()

    s1 := &Student{
            Num: 1,
            Name: "a",
    }
    s2 := &Student{
            Num: 2,
            Name: "b",
    }
```

```
    numStudentMap := NewMap[int, * Student]()
    numStudentMap.Set(s1.Num, s1)
    numStudentMap.Set(s2.Num, s2)
    numStudentMap.PrintAll()
}
```

泛型方法无法定义类型形参,只能通过接收者使用类型形参,代码如下:

```
//不支持泛型方法
//func (m * Map[K, V]) TestGeneric[T int | string](a, b T) T {        //error
//return a + b
//}
//

//只能通过 receiver 使用类型形参
func (m * Map[K, V]) Equal(a, b K) bool {
  return a == b
}
```

## 12.3  泛型切片

泛型切片的代码如下:

```
//unit12/5.泛型切片.go
package main

import "fmt"

func main() {
    //定义一个泛型,里面的元素既可以是 int,也可以是 string
    type Slice[T int | string] []T

    //使用这个泛型切片类型
    var s1 Slice[int]
    s1 = []int{1, 2, 3}
    fmt.Println(s1)              //[1 2 3]

    var s2 Slice[string]
    s2 = []string{"a", "b", "c"}
    fmt.Println(s2)             //[a b c]
}
```

## 12.4  泛型 map

泛型 map 的代码如下:

```go
//unit12/泛型 map.go
package main

import "fmt"

func main() {
    //声明一个泛型 map
    type MP[T comparable, K any] map[T]K

    //使用
    var m1 MP[string, int]

    m1["number"] = 123
    fmt.Println(m1)

    var m2 MP[string, string]
    m2["name"] = "枫枫"
    fmt.Println(m2)
}
```

## 12.5 泛型 Channel

泛型 Channel 的代码如下：

```go
//unit12/泛型 channel.go
package main

func main() {
    //声明一个泛型 Channel
    type Channel[T any] chan T

    var c1 = make(Channel[int], 1)
    var c2 = make(Channel[string], 3)

    //向 c1 发送一个整数
    c1 <- 1

    c2 <- "xxx"

}
```

# 第 13 章

CHAPTER 13

# 文件操作

计算机文件是以硬盘为载体的信息存储集合，文件可以是文本、图片、程序等。在编写程序时，经常会和文件打交道，例如从文件中读取信息，保存程序结果、程序状态等。实际上，在前面的章节中，已经多次使用了文件，如源代码文件、编译后的可执行文件等。

文件通常被分为两类：文本文件和二进制文件。所有能用记事本打开并正常显示的文件都可以叫作文本文件，而像图片、可执行程序、压缩包等文件叫作二进制文件。

## 13.1 相对路径与绝对路径

5min

Go 语言中存在多种运行方式，在读取同一个文件时，不同的运行方式有不同的效果，代码如下：

```go
_, err := os.ReadFile("hello.txt")
fmt.Println(err)
```

目录结构如图 13-1 所示。

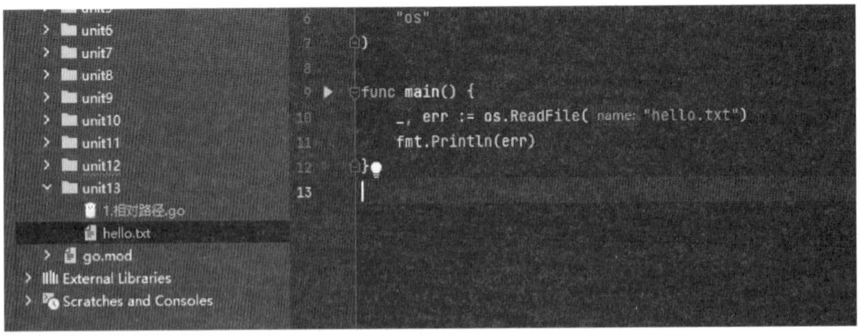


图 13-1 目录结构

通过 GoLand 右击运行，则会出现文件不存在的错误，如图 13-2 所示。

但是如果进入 unit13 文件夹下，通过 go run 命令运行，则一切正常，如图 13-3 所示。

这是因为通过 GoLand 右击运行时，Go 的工作目录是项目的根路径，可以在 GoLand 编辑器的右上角看到，如图 13-4 和图 13-5 所示。

Run: go build 1.相对路径.go
open hello.txt: The system cannot find the file specified.
Process finished with the exit code 0

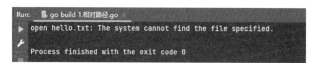

图 13-2 文件不存在

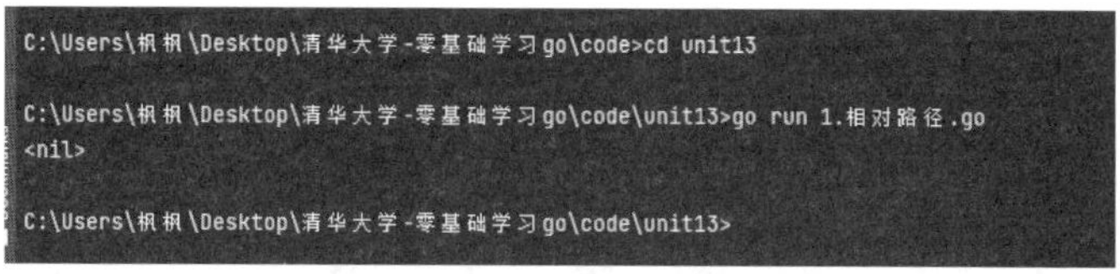
C:\Users\枫枫\Desktop\清华大学-零基础学习go\code>cd unit13
C:\Users\枫枫\Desktop\清华大学-零基础学习go\code\unit13>go run 1.相对路径.go
<nil>
C:\Users\枫枫\Desktop\清华大学-零基础学习go\code\unit13>

图 13-3 进入目录运行命令

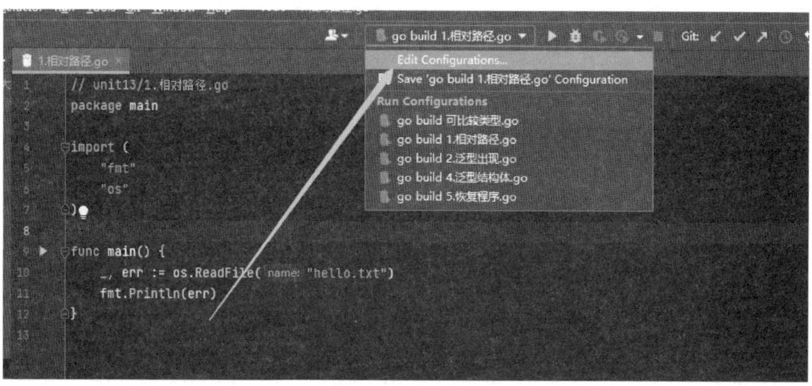
go build 1.相对路径.go
Git:
1.相对路径.go
Edit Configurations...
Save 'go build 1.相对路径.go' Configuration
Run Configurations
go build 可比较类型.go
go build 1.相对路径.go
go build 2.泛型出现.go
go build 4.泛型结构体.go
go build 5.恢复程序.go
// unit13/1.相对路径.go
package main
import (
"fmt"
"os"
)
func main() {
_, err := os.ReadFile( name: "hello.txt")
fmt.Println(err)
}

图 13-4 GoLand 查看工作目录操作

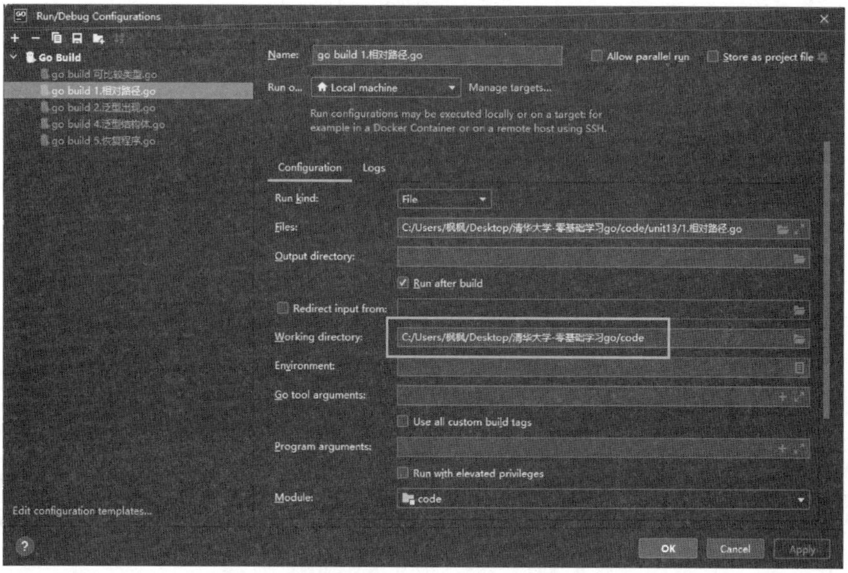
Run/Debug Configurations
Go Build
go build 可比较类型.go
go build 1.相对路径.go
go build 2.泛型出现.go
go build 4.泛型结构体.go
go build 5.恢复程序.go
Name: go build 1.相对路径.go
Allow parallel run
Store as project file
Run o... Local machine
Manage targets...
Run configurations may be executed locally or on a target: for example in a Docker Container or on a remote host using SSH.
Configuration
Logs
Run kind: File
Files: C:/Users/枫枫/Desktop/清华大学-零基础学习go/code/unit13/1.相对路径.go
Output directory:
Run after build
Redirect input from:
Working directory: C:/Users/枫枫/Desktop/清华大学-零基础学习go/code
Environment:
Go tool arguments:
Use all custom build tags
Program arguments:
Run with elevated privileges
Module: code
Edit configuration templates...
OK
Cancel
Apply

图 13-5 GoLand 工作目录页面

这意味着 Go 会在项目目录下去查找 hello.txt 这个文件,答案当然是找不到,而当通过命令行运行 Go 文件时,Go 的工作目录就是运行命令时所在的目录,当然可以找到。

如果想要消除不同运行方式造成的差异,则可以使用绝对路径、计算路径和相对路径的方式。

### 1. 使用绝对路径

使用绝对路径从盘符开始,一层一层地写出每层目录,直到文件位置,代码如下:

```
//unit13/2.绝对路径.go
package main

import (
    "fmt"
    "os"
)

func main() {
    //Windows 和 Linux 的路径不一样
    //Windows 系统下
    _, err := os.ReadFile("C:\\Users\\枫枫\\Desktop\\清华大学 - 零基础学习 go\\code\\unit13\\hello.txt")
    //Linux 系统下
    //_, err := os.ReadFile("/opt/code/unit13/hello.txt")
    fmt.Println(err)
}
```

这样无论通过何种方式运行代码都可以正确地读取文件,但是缺点也是显而易见的,文件路径被硬编码到了代码中。

### 2. 计算路径

通过运行时计算 Go 文件的路径,动态地拼接文件路径,代码如下:

```
//unit13/3.计算路径.go
package main

import (
    "fmt"
    "os"
    "path"
    "runtime"
)

//GetCurrentFilePath 获取当前文件路径
func GetCurrentFilePath() string {
    _, file, _, _ := runtime.Caller(1)
    return file
}
func main() {
```

```
    p := GetCurrentFilePath()
    fmt.Println(p)                //C:/Users/枫枫/Desktop/清华大学 - 零基础学习
go/code/unit13/3.计算路径.go
    //获取目录,然后拼接
    dir := path.Dir(p)
    fmt.Println(dir)              //C:/Users/枫枫/Desktop/清华大学 - 零基础学习
go/code/unit13

    filePath := path.Join(dir, "hello.txt")
    fmt.Println(filePath)         //C:/Users/枫枫/Desktop/清华大学 - 零基础学习
go/code/unit13/hello.txt

    _, err := os.ReadFile(filePath)
    fmt.Println(err)              //nil
}
```

### 3. 相对路径

虽然以上两种方法可以解决路径问题,但是绝对路径不够通用,计算路径又过于麻烦,所以更多情况下会将就 GoLand 的运行模式,将项目路径作为 Go 的工作路径,代码如下:

```
_, err := os.ReadFile("unit13/hello.txt")
fmt.Println(err)
```

如果要使用命令行运行 go 文件,则要在项目的根目录下运行,命令如下:

```
go run unit13\1.相对路径.go
```

## 13.2 文件读取

Go 语言中有多种读取文件的方法。

### 13.2.1 一次性读取

使用 os.ReadFile()函数读取文件,代码如下:

```
byteData, err := os.ReadFile("unit13/hello.txt")
if err != nil {
    fmt.Println(err)
    return
}
fmt.Println(string(byteData))
```

直接将数据读取入内存,这是效率最高的一种方式,但此种方式,仅适用于小文件,不适合大文件,因为比较浪费内存。

还可以使用 os.open()先创建文件对象,再对文件的内容进行读取,代码如下:

```
file, err := os.Open("unit13/hello.txt")
if err != nil {
    fmt.Println(err)
    return
}
//读取文件内容
byteData, _ := io.ReadAll(file)
fmt.Println(string(byteData))
```

## 13.2.2　分片读取

使用 os.open()创建文件对象,基于这个文件对象,可以实现分片读取,代码如下:

```
//unit13/5.分片读取.go
package main

import (
    "fmt"
    "io"
    "os"
)

func main() {
    file, _ := os.Open("unit13/hello.txt")
    defer file.Close()
    for {
        //一次读一字节
        buf := make([]byte, 1)
        _, err := file.Read(buf)
        //判断是不是读完了
        if err == io.EOF {
            break
        }
        fmt.Printf("%s", buf)
    }
}
```

## 13.2.3　按行读取

使用 os.open()先创建文件对象,然后使用 bufio.NewReader()创建一个缓冲对象,基于这个缓冲对象可以实现按行读取,以及按指定分隔符读取,代码如下:

```
//unit13/6.按行读取.go
package main

import (
    "bufio"
```

```
        "fmt"
        "os"
)

func main() {
    file, err : = os.Open("unit13/hello.txt")
    if err != nil {
            fmt.Println(err)
            return
    }
    buf : = bufio.NewReader(file)
    for {
            line, _, err : = buf.ReadLine()
            fmt.Println(string(line))
            if err != nil {
                    break
            }
    }
}
```

可使用 bufio.ReadString()指定分隔符,代码如下:

```
//unit13/7.指定分隔符读取文件.go
package main

import (
    "bufio"
    "fmt"
    "os"
)

func main() {
    file, err : = os.Open("unit13/hello.txt")
    if err != nil {
            fmt.Println(err)
            return
    }
    buf : = bufio.NewReader(file)
    for {
            s, err : = buf.ReadString(';')
            fmt.Println(s)
            if err != nil {
                    break
            }
    }
}
```

还可以使用 bufio.NewScanner()创建的扫描对象实现更多的读取方法,代码如下:

```go
//unit13/8.指定分隔符读取文件2.go
package main

import (
    "bufio"
    "fmt"
    "os"
    "strings"
)

func scanBySemicolon(data []byte, atEOF bool) (advance int, token []byte, err error) {
    //自定义分隔函数,按照分号分隔
    if atEOF && len(data) == 0 {
            return 0, nil, nil
    }

    if i := strings.IndexByte(string(data), ';'); i >= 0 {
            return i + 1, data[0:i], nil
    }

    if atEOF {
            return len(data), data, nil
    }

    return 0, nil, nil
}
func main() {
    file, err := os.Open("unit13/hello.txt")
    if err != nil {
            fmt.Println(err)
            return
    }
    scanner := bufio.NewScanner(file)
    //scanner.Split(bufio.ScanWords)          //按照单词读
    scanner.Split(scanBySemicolon)            //按照自定义分隔符读取
    //scanner.Split(bufio.ScanLines)          //按照行读
    //scanner.Split(bufio.ScanRunes)          //按照中文字符读
    //scanner.Split(bufio.ScanBytes)          //按照字节读取,中文会出现乱码

    for scanner.Scan() {
            fmt.Println(scanner.Text())
    }
}
```

5min

## 13.3　文件写入

很多时候需要将程序中产生的数据写入文件中以便永久保存或与其他应用程序共享。

Go语言提供了方便且高效的文件写入功能，使其能够轻松地将数据写入文件。

## 13.3.1　一次性写入

可使用 os.WriteFile()函数直接将数据一次性写入，代码如下：

```go
//unit13/9.文件写入.go
package main

import (
    "fmt"
    "os"
)

func main() {
    err := os.WriteFile("test.txt", []byte("hello world"), 0666)
    if err != nil {
            fmt.Println(err)
            return
    }
    fmt.Println("写入失败")
}
```

os.WriteFile()函数接收 3 个参数，第 1 个参数表示文件名，第 2 个参数表示写入的数据，第 3 个参数表示文件权限，主要应用于 Linux 系统中，在 Windows 系统中，此参数无效。

## 13.3.2　逐行写入

使用 os.Create()创建的文件对象，调用 WriteString()方法多次写入，代码如下：

```go
//unit13/10.逐行写入.go
package main

import (
    "fmt"
    "log"
    "os"
)

var lines = []string{
    "Go",
    "is",
    "the",
    "best",
    "programming",
    "language",
    "in",
```

```go
        "the",
        "world",
}

func main() {
        f, err := os.Create("test.txt")
        if err != nil {
                log.Fatal(err)
        }
        defer f.Close()

        for _, line := range lines {
                //写入文件,并添加换行符
                _, err := f.WriteString(line + "\n")
                if err != nil {
                        log.Fatal(err)
                }
        }
        fmt.Println("写入完成")
}
```

### 13.3.3　使用缓冲写入

如果经常需要将少量数据写入文件,则会降低程序的性能。因为每次写入都是一个代价高昂的系统调用,如果不需要立即更新文件,则最好将这些小写入归为一个。为此,可以使用 bufio.Writer 结构。

它的写入函数不会直接将数据保存到文件中,而是一直保存到下面的缓冲区已满(默认大小为 4096 字节)或 Flush()调用该方法,所以一定要 Flush()在写入完成后调用,将剩余的数据保存到文件中,代码如下:

```go
//unit13/11.带缓冲写入.go
package main

import (
    "bufio"
    "log"
    "os"
)

var lines = []string{
    "Go",
    "is",
    "the",
    "best",
    "programming",
    "language",
```

```
        "in",
        "the",
        "world",
}

func main() {
    //create file
    f, err := os.Create("test.txt")
    if err != nil {
            log.Fatal(err)
    }
    //remember to close the file
    defer f.Close()

    //创建带缓冲的写入器
    buffer := bufio.NewWriter(f)

    for _, line := range lines {
            _, err := buffer.WriteString(line + "\n")
            if err != nil {
                    log.Fatal(err)
            }
    }

    //将缓冲区的内容写入底层文件
    if err := buffer.Flush(); err != nil {
            log.Fatal(err)
    }
}
```

### 13.3.4　os.OpenFile()函数

在写文件时要用 OpenFile()函数,这里面有 3 个参数,语法如下:

```
func OpenFile(name string, flag int, perm FileMode) (*File, error)
```

其中,第 1 个参数 name 表示文件路径;第 2 个参数 flag 表示控制打开文件行为,以读的方式打开还是以写的方式打开,以追加的方式去写还是以清空的方式去写,还有文件不存在时是否创建;第 3 个参数是文件权限。

#### 1. 文件打开行为

控制打开文件的行为,在 Go 源码中,提供了 8 种不同的文件行为,代码如下:

```
const (
  O_RDONLY int = syscall.O_RDONLY        //只读
  O_WRONLY int = syscall.O_WRONLY        //只写
  O_RDWR int = syscall.O_RDWR            //读写
```

```
    O_APPEND int = syscall.O_APPEND                //追加
    O_CREATE int = syscall.O_CREAT                 //如果不存在就创建
    O_EXCEL int = syscall.O_EXCEL                  //文件必须不存在
    O_SYNC int = syscall.O_SYNC                    //同步打开
    O_TRUNC int = syscall.O_TRUNC                  //打开时清空文件
)
```

可以使用或通过语句组合不同的文件行为,例如以读写模式打开,如果文件不存在,则创建,代码如下:

```
os.OpenFile("xxx.txt", os.O_RDWR|os.O_CREATE, 0666)
```

以写模式打开文件,如果文件不存在,则创建;如果文件存在,则清空文件,代码如下:

```
os.OpenFile("xxx.txt", os.O_WRONLY|os.O_CREATE|os.O_TRUNC, 0666)
```

### 2. 文件权限

主要用于 Linux 系统,在 Windows 系统下此参数会被无视,代表文件的模式和权限位,一共有 3 个占位符:

(1) 第 1 个占位符是指文件所有者所拥有的权限。

(2) 第 2 个占位符是指文件所在组对其拥有的权限。

(3) 第 3 个占位符是指其他人对文件拥有的权限。

根据 UNIX 系统的权限模型,文件或目录的权限模式由 3 个数字表示,分别代表所有者(Owner)、组(Group)和其他用户(Other)的权限。每个数字由 3 比特位组成,分别代表读、写和执行权限,因此,对于一个 mode 参数值,它的每个数字都是一个八进制数字,代表 3 个比特位的权限组合,每个模式对应的值如下:

```
R:读,Read 的缩写,八进制值为 4
W:写,Write 的缩写,八进制值为 2
X:执行,Execute 的缩写,八进制值为 1
```

以下是常用文件权限的解释,代码如下:

```
0444 表示三者均为只读的权限
0666 表示三者均为读写的权限
0777 表示三者均为读写执行的权限
0764 表示所有者有读写执行(7 = 4 + 2 + 1)的权限,组有读写(6 = 4 + 2)的权限,其他用户则为只读(4 = 4)
```

7min

# 13.4　目录操作

在编程中,经常需要操作文件和目录来管理和组织数据。Go 语言提供了丰富的标准库来处理目录操作,使开发者能够轻松地创建、删除、遍历和修改目录。

### 13.4.1 创建目录

使用 os 包下的 Mkdir() 和 MkdirAll() 函数创建目录。Mkdir() 函数用于创建一个新的目录，而 MkdirAll() 可以递归地创建多层目录，代码如下：

```go
//unit13/目录操作/1.创建目录.go
package main

import (
    "fmt"
    "os"
)

func main() {
    err := os.Mkdir("unit13/目录操作/dir", 0666)
    fmt.Println(err)
    //如果上层目录不存在,则会报错
    err = os.Mkdir("unit13/目录操作/dir/xxx/yyy", 0666)
    fmt.Println(err) //mkdir unit13/目录操作/dir/xxx/yyy: The system cannot find the path
specified.
    //使用 MkdirAll 函数,可以创建多层目录
    err = os.MkdirAll("unit13/目录操作/dir/xxx/yyy", 0666)
    fmt.Println(err)
}
```

### 13.4.2 读取目录

使用 os 包下的 ReadDir() 函数读取目录，代码如下：

```go
//unit13/目录操作/2.读取目录.go
package main

import (
    "fmt"
    "os"
)

func main() {
    dir, err := os.ReadDir("unit13/目录操作")
    if err != nil {
            fmt.Println(err)
            return
    }
    for _, entry := range dir {
            fmt.Println(entry.Name(), entry.IsDir())
    }
}
```

其中的 entry 变量，对应类型如下：

```go
type DirEntry interface {
    //文件名
    Name() string

    //是否是目录
    IsDir() bool

    //文件权限
    Type() FileMode

    //文件信息
    Info() (FileInfo, error)
}
```

可以通过 IsDir()方法实现递归遍历目录功能，代码如下：

```go
//unit13/目录操作/3.递归遍历目录.go
package main

import (
    "fmt"
    "os"
)

func readDir(path string, indent int) {
    //indent 表示层级
    dir, err := os.ReadDir(path)
    if err != nil {
        fmt.Println(err)
        return
    }
    for _, entry := range dir {
        for i := 0; i < indent; i++ {
            fmt.Print(" ")          //每级缩进 4 个空格
        }
        fmt.Println(entry.Name())
        if entry.IsDir() {
            readDir(path + "/" + entry.Name(), indent + 1)
        }
    }
}

func main() {
    readDir("unit13", 0)
}
```

效果如图 13-6 所示。

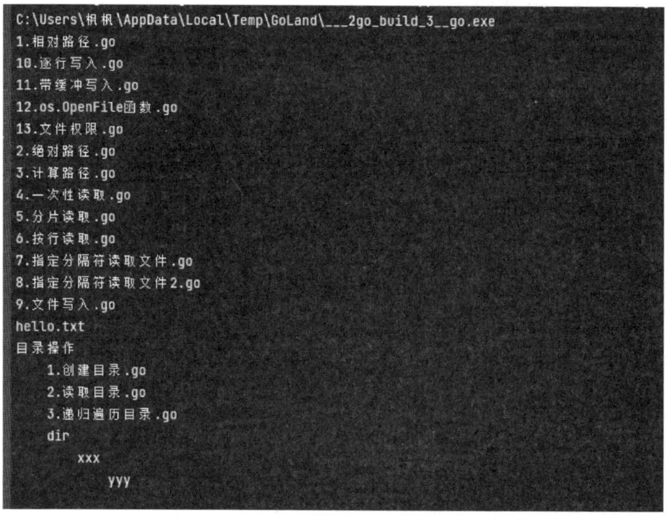

图 13-6 递归读取目录效果

## 13.4.3 遍历目录

针对目录的递归遍历，Go 语言中提供了一个专门的函数 filepath. Walk()。它可以遍历指定目录下的所有子目录，代码如下：

```go
//unit13/目录操作/4.遍历目录.go
package main

import (
    "fmt"
    "os"
    "path/filepath"
)

func main() {
    err := filepath.Walk("unit13", func(path string, info os.FileInfo, err error) error {
        if err != nil {
            return err
        }
        //其中 path 是文件完整路径,可以通过这个完整路径知道文件的层级
        fmt.Println(info.Name())
        return nil
    })
    if err != nil {
        fmt.Println(err)
        return
    }
}
```

### 13.4.4  目录的其他操作

上述目录操作是开发中高频使用的一些方法,Go 语言中提供了丰富的目录操作方法。

#### 1. 重命名目录

重命名目录,代码如下:

```
os.Rename("unit13/目录操作/dir", "unit13/目录操作/dir1")
```

#### 2. 删除目录

可以使用 os.Remove()删除空目录,使用 os.RemoveAll()删除目录,代码如下:

```
//只能删除空目录或者文件
err := os.Remove("unit13/目录操作/dir1/xxx/yyy")
fmt.Println(err)

err = os.RemoveAll("unit13/目录操作/dir1/xxx/yyy")
fmt.Println(err)
```

## 13.5  JSON 文件操作

JSON(JavaScript Object Notation,JS 对象简谱)是一种轻量级的数据交换格式。JSON 最初属于 JavaScript 的一部分,后来由于其良好的可读性和便于快速编写的特性,现在已独立于语言,大部分语言支持 JSON 数据的编码和解码。特别是对于网络编程而言,JSON 的重要性不言而喻。

JSON 中的键都是字符串形式,值可以取任意类型。它有以下 3 种结构:

```
值为字符串或数组类型:{"name":"John","age":20}
JSON 数组:[{"name":"John","age":20},{"name":"Tom","age":21}]
值为对象类型:{"name":"John","birthday":{"month":8,"day":26}},类似于对象嵌套对象
```

在 Go 语言中,可以使用内置的 encoding/json 包来处理 JSON 格式数据。该包提供了函数和类型,可以将 JSON 数据解析为 Go 对象(反序列化)或将 Go 对象转换为 JSON 数据(序列化)。

### 13.5.1  JSON 序列化

7min

使用 json.Marshal()函数将 Go 对象转换为 JSON 数据。该函数接受一个 Go 对象,并返回表示该对象的 JSON 字节切片,代码如下:

```
//unit13/json 操作/1.序列化.go
package main
```

```go
import (
    "encoding/json"
    "fmt"
    "os"
)

type Info struct {
    Name string `json:"name"`
    Pwd string `json:"-"`            //不希望被序列化
}

func main() {
    //1. 序列化结构体
    var info = Info{Name: "枫枫", Pwd: "1234"}
    byteData, _ := json.Marshal(info)
    err := os.WriteFile("unit13/json操作/struct.json", byteData, 0666)
    fmt.Println(err)

    //2. 序列化 map
    var infoMap = make(map[string]interface{})
    infoMap["name"] = "枫枫"
    infoMap["age"] = 1234
    byteData, _ = json.Marshal(infoMap)
    err = os.WriteFile("unit13/json操作/map.json", byteData, 0666)
    fmt.Println(err)

    //3. 序列化切片
    var infoSlice = []string{"枫枫", "张三"}
    byteData, _ = json.Marshal(infoSlice)
    err = os.WriteFile("unit13/json操作/slice.json", byteData, 0666)
    fmt.Println(err)
}
```

针对自定义类型的 JSON 序列化，只需实现 MarshalJSON() 方法，代码如下：

```go
//unit13/json操作/2.自定义json序列化.go
package main

import (
    "encoding/json"
    "fmt"
)

type MyType int

func (m MyType) MarshalJSON() ([]byte, error) {
    return []byte(`"自定义JSON序列化的内容"`), nil
}

func main() {
```

```
        var m1 MyType
        byteData, _ := json.Marshal(m1)
        fmt.Println(string(byteData))              //"自定义 JSON 序列化的内容"
}
```

2min

## 13.5.2　JSON 反序列化

使用 json.Unmarshal() 函数将 JSON 数据解析为 Go 对象。该函数接受一个包含 JSON 数据的字节切片和一个指向目标 Go 对象的指针,并将 JSON 数据映射到指定的 Go 对象上,代码如下:

```go
//unit13/json 操作/反序列化.go
package main

import (
    "encoding/json"
    "fmt"
    "os"
)

type Person struct {
    Name string `json:"name"`
    Age int `json:"age"`
}

func main() {
    //反序列化
    var p Person
    //读文件
    byteData, err := os.ReadFile("unit13/json 操作/struct.json")
    if err != nil {
            fmt.Println(err)
            return
    }
    //反序列化到结构体上
    err = json.Unmarshal(byteData, &p)
    if err != nil {
            fmt.Println("反序列化失败:", err)
            return
    }
    fmt.Println(p)

    //还能反序列化到 map 上
    var m map[string]any
    err = json.Unmarshal(byteData, &m)
    fmt.Println(m)
}
```

同样地,针对自定义类型的反序列化,只需实现 UnmarshalJSON()方法,代码如下:

```go
//unit13/json 操作/反序列化.go
package main

import (
    "encoding/json"
    "fmt"
)

type Student struct {
    Name string `json:"name"`
}

func (s * Student) UnmarshalJSON(data []byte) error {
    fmt.Println(string(data))              //{"name":"张三"}
    s.Name = "自定义反序列化内容"
    return nil
}

func main() {
    jsonStr := []byte(`{"name":"张三"}`)
    var stu Student
    err := json.Unmarshal(jsonStr, &stu)
    if err != nil {
            fmt.Println("反序列化失败:", err)
            return
    }
    fmt.Println(stu)                        //{自定义反序列化内容}
}
```

## 13.6 I/O 接口

在 Go 语言中,I/O 接口的设计基于接口抽象和多态的思想,通过定义一组统一的接口和方法来处理不同类型的 I/O 操作。

### 13.6.1 io.Reader 接口

4min

io.Reader 接口是 Go 语言中用于读取数据的基本接口,定义了读取操作的方法,具体定义如下:

```go
type Reader interface {
    Read(p []byte) (n int, err error)
}
```

其只定义了一个 Read 方法,其中参数 p 是一字节切片,用于接收读取的数据。返回值 n 表示实际读取的字节数,err 表示可能出现的错误。

Read 方法定义的工作流程:首先,当调用 Read 方法时,它会尝试从数据源中读取数据,并将读取的数据存储到参数 p 指定的字节切片中,然后 Read 方法会返回实际读取的字节数和可能的错误。如果读取过程中没有发生错误,则 err 的值为 nil。如果没有更多数据可读取,则 Read 方法会返回 io.EOF 错误。

Go 语言通过 io.Reader 接口统一了从不同的数据源(如文件、网络连接等)中读取数据的方式,这种一致的接口设计使开发者能够以统一的方式处理各种类型的数据读取操作。

## 13.6.2  io.Writer 接口

io.Writer 接口是 Go 语言中用于写入数据的基本接口,定义了写入操作的方法,具体定义如下:

```
type Writer interface {
    Write(p []byte) (n int, err error)
}
```

其跟 io.Reader 接口类似,只定义了一个 Write 方法,其中参数 p 是一字节切片,将字节切片 p 中的数据写入实现了 io.Writer 接口的对象中,并返回写入的字节数和可能的错误。

Write 方法定义的工作流程:首先,当调用 Write 方法时,它会尝试将参数 p 中的数据写入 io.Writer 对象中。Write 方法返回实际写入的字节数和可能的错误。如果写入过程中没有发生错误,则 err 的值为 nil,否则返回对应的错误。

Go 语言通过 io.Writer 接口统一了数据写入的方式,能够以一种统一的方式,将数据写入不同的目标(如文件、网络连接等)中。

## 13.6.3  io.Closer 接口

io.Closer 接口是 Go 语言中用于关闭资源的接口,它定义了关闭操作的方法,具体定义如下:

```
type Closer interface {
    Close() error
}
```

这里 Closer 接口同样也只定义了一种方法,即 Close 方法,Close 方法没有任何参数,返回值 error 表示可能发生的关闭操作的错误。

该接口定义的工作流程:当调用 Close 方法时,它会执行关闭资源的操作,例如关闭文件、关闭网络连接等。如果关闭过程中没有发生错误,则返回值为 nil;如果报错了,则返回对应的错误。

通过 io.Closer 接口可以方便地关闭各种资源,如文件、网络连接等。这种一致的接口设计使开发者能够以统一的方式处理关闭操作。

## 13.6.4 统一的抽象层

上面定义了 3 个基本的 I/O 接口,其中 io.Reader 定义了读取数据的标准,io.Writer 定义了写入数据的标准,io.Closer 定义了关闭资源的标准。

通过这几个接口,可以将各种不同的 I/O 设备(如文件、网络连接、缓冲区等)视为相同的实体。这种统一的抽象层使开发人员可以以一种通用的方式来处理不同类型的 I/O 操作,而无须关注具体的底层实现细节。这简化了代码的编写和维护,提高了可读性和可维护性,代码如下:

```go
//unit13/io 接口/copy.go
package main

import (
    "fmt"
    "io"
    "os"
    "strings"
)

func main() {
    df, err := os.Create("unit13/io 接口/1.txt")
    if err != nil {
        fmt.Println(err)
        return
    }
    defer df.Close()
    sr := strings.NewReader("Hello, World!")
    err = copyData(sr, df)
    if err != nil {
        fmt.Println("复制失败:", err)
        return
    }
    fmt.Println("复制成功")
}
func copyData(src io.Reader, dst io.Writer) error {
    _, err := io.Copy(dst, src)
    if err != nil {
        return err
    }
    return nil
}
```

这里的 copyData 方法是通过 I/O 接口定义出来的统一的抽象层,可以将不同类型的数据源(内存和文件)视为相同的实体,并使用相同的方式来实现数据的复制操作。

### 13.6.5　最小接口原则

同时,从上面 I/O 接口的说明可以看到这些接口遵循了最小接口原则,也就是接口只包含必要的方法,例如 io. Reader 接口只定义了 Read 方法,而 io. Writer 接口只定义了 Write 方法。这样的接口设计没有包含不必要的方法,只关注于特定功能的核心操作,更易于理解和使用。

同时由于 I/O 接口的设计遵循了最小接口原则,使开发者可以轻松地按照特定场景的要求对接口进行组合,使其在满足特定场景要求的前提下,还不会引入不必要的接口,组合出来的接口都是最小可用的,例如下面 Go 基本类库中的例子 ReadCloser,用户只需 Read 方法和 Close 方法,基于此组合出来的接口刚好符合要求:

```
type ReadCloser interface {
    Reader
    Closer
}
```

抑或某个场景并不需要 Close 操作,只需 Read 和 Write 操作,此时只需 Reader 和 Writer 接口,代码如下:

```
type ReadWriter interface {
    Reader
    Writer
}
```

I/O 接口遵循最小接口原则,接口设计看起来更简洁、更方便和更灵活。对于一些更复杂的场景,则能够基于接口组合来满足需求,更为灵活,同时也不会引入冗余的方法。

## 13.7　命令行参数

在 Go 语言中,命令行参数是非常重要的一种参数,用于向程序传递输入并指定运行时的行为。

### 13.7.1　什么是命令行参数

命令行参数是在程序运行时通过命令行传递给程序的参数,用于指定程序运行时的行为和输入。举个例子,Linux 中的 ls 命令可以接受多个命令行参数,如-l 用于列出详细信息,以及-a 用于显示隐藏文件等。

### 13.7.2　使用 os. Args 获取命令行参数

在 Go 语言中,可以使用 os. Args 来获取程序运行时传递的所有命令行参数。os. Args

是一个字符串切片,第 1 个元素是程序的名称,后面的元素是命令行参数,代码如下:

```
fmt.Println(os.Args)
```

不同的启动命令,接收的参数不同,代码如下:

```
命令 go run os.args.go a b c d
输出:[C:\Users\枫枫\AppData\Local\Temp\go-build1553006251\b001\exe\os.args.exe a b c d]

命令 go run os.args.go -a = xxx -b -- aa
输出:[C:\Users\枫枫\AppData\Local\Temp\go-build464232889\b001\exe\os.args.exe -a =
xxx -b -- aa]
```

---

**注意**:程序的名称并不是 Go 文件的名称,而是 Go 文件编译之后的名称。

---

可以使用 go build 命令编译之后使用可执行文件,命令如下:

```
go build -o args.exe os.args.go
```

其中,args.exe 是编译之后的文件名,os.args.go 是指定编译的文件,执行这个文件,os.Args 的第 1 个参数就是可执行文件的名称,执行命令与输出如下:

```
命令 args.exe
输出:[args.exe]

命令 args.exe abcd
输出:[args.exe abcd]

命令 args.exe a b c d
输出:[args.exe a b c d]
```

## 13.7.3 使用 flag 包解析命令行参数

6min

尽管可以通过 os.Args 获取所有的命令行参数,但在实际开发中,通常会使用更加灵活的方式来解析命令行参数。Go 标准库提供了 flag 包来解析命令行参数。

有以下两种常用的定义命令行 flag 参数的方法。

### 1. flag.Type

例如要定义姓名、年龄、婚否 3 个命令行参数,可以按以下方式定义:

```
//unit13/命令行参数/flag1.go
package main

import (
    "flag"
    "fmt"
)
```

```go
func main() {
    name : = flag.String("name", "张三", "姓名")
    age := flag.Int("age", 18, "年龄")
    married := flag.Bool("married", false, "婚否")
    flag.Parse()

    fmt.Println("姓名:", * name)
    fmt.Println("年龄:", * age)
    fmt.Println("婚否:", * married)
}
```

调用方式及输出如下:

```
命令 go run flag1.go – name 枫枫 – age 20 – married
输出:
    姓名: 枫枫
    年龄: 20
    婚否: true
```

在 GoLand 中如何带参数运行文件呢? 如图 13-7 所示。

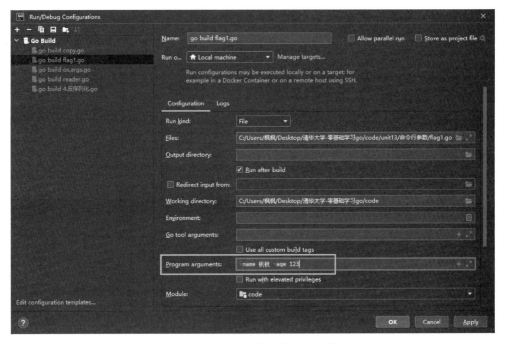

图 13-7　GoLand 带参数运行文件

### 2. flag.TypeVar

因为 flag.Type 返回的是指针类型,如果参数多了就不好定义,所以 Go 提供了 flag.TypeVar 解析命令行参数。

例如要定义姓名、年龄、婚否 3 个命令行参数,可以按以下方式定义:

```
//unit13/命令行参数/flag2.go
package main

import (
    "flag"
    "fmt"
)

type Info struct {
    Name    string
    Age     int
    Married bool
}

func main() {
    var info Info
    flag.StringVar(&info.Name, "name", "张三", "姓名")
    flag.IntVar(&info.Age, "age", 18, "年龄")
    flag.BoolVar(&info.Married, "married", false, "婚否")
    flag.Parse()

    fmt.Println("姓名:", info.Name)
    fmt.Println("年龄:", info.Age)
    fmt.Println("婚否:", info.Married)
}
```

运行效果和 flag.Type 模式完全一致,但是可以更好地封装代码。

# 第14章
CHAPTER 14

# 单元测试与包管理

单元测试(Unit Testing,UT)是一个优秀项目不可或缺的一部分,特别是在一些频繁变动和多人合作开发的项目中尤为重要。

单元测试可以检查代码能否按照预期进行,代码逻辑是否有问题,以此可以提升代码质量。简单来讲单元测试就是针对某个函数方法进行测试,要先测试是否可以正确地传值,以及是否可以获取正确的预期结果,然后添加更多测试用例,得出多种预期结果。尽可能地达到该方法逻辑没有问题,或者问题都能被预知到,这就是单元测试的好处。

## 14.1 最简单的测试

要编写一个测试文件,需要创建一个名称以_test.go结尾的文件,该文件包含TestXxx函数。将该文件放在与被测试文件相同的包中。该文件将被排除在正常的程序包之外,但在运行go test命令时将被包含,例如本文中的目录结构,如图14-1所示,在add文件的旁边创建了一个add_test.go测试文件。

测试代码如下:

```
//unit14/add/add_test.go
package add

import "testing"

func TestAdd(t * testing.T) {
    got : = Add(2, 3)
    want : = 5
    if got != want {
        t.Errorf("got % d, want % d", got, want)
    }
}
```

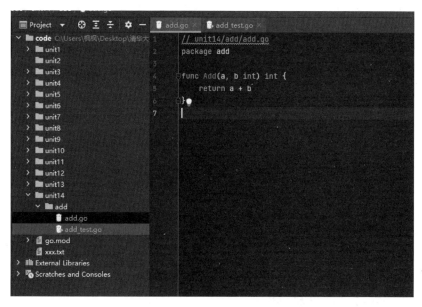

图 14-1 单元测试目录结构

测试命令及输出如下：

```
//先进入 unit14/add 目录下
命令 go test - v
输出：
=== RUN   TestAdd
--- PASS: TestAdd (0.00s)
PASS
ok    code/unit14/add 0.045s
```

如果出现 PASS，则表示测试通过，返回值和预期值相同。

尝试修改预期结果，代码如下：

```
want : = 6
```

输出如下：

```
=== RUN   TestAdd
    add_test.go:10: got 5, want 6
--- FAIL: TestAdd (0.00s)
FAIL
exit status 1
FAIL  code/unit14/add 0.049s
```

此时提示测试不通过，得到的值与预期的值不相同。

这就是一个最简单的测试写法，可以进行正确或错误测试。

GoLand 中使用测试用例也非常简单，如图 14-2 所示，单击小图标即可。

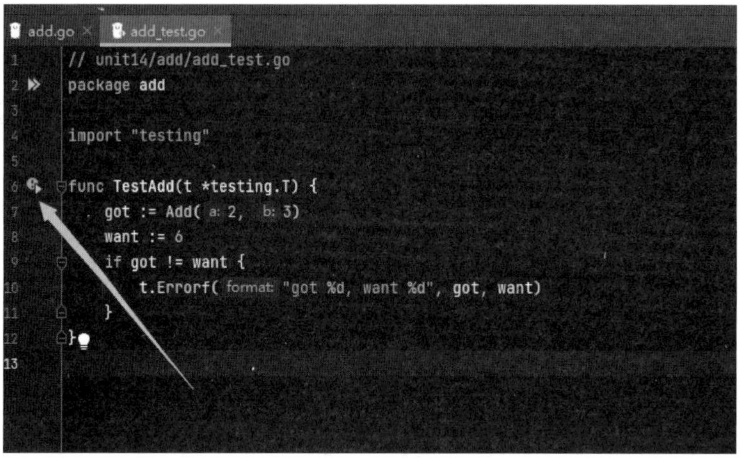

图 14-2　GoLand 运行测试用例

## 14.2　单元测试的基本规范

Go 单元测试的基本规范如下:

(1) 每个测试函数都必须导入 testing 包。测试函数的命名类似 func TestName(t * testing. T),入参必须是 * testing. T。

(2) 测试函数的函数名必须以大写的 Test 开头,后面紧跟的函数名,要么是大写开头,要么就是下画线,例如 func TestName(t * testing. T) 或者 func Test_name(t * testing. T) 都是可以的,但是 func Testname(t * testing. T)则不会被检测到。

(3) 通常情况下,需要将测试文件和源代码放在同一个包内。一般测试文件的命名是"文件名_test.go",例如源代码文件名是 add. go,那么就会在 add. go 的相同目录下,再建立一个 add_test.go 的单元测试文件去测试 add. go 文件里的相关方法。

(4) 当运行 go test 命令时,go test 会遍历所有的 * _test. go 文件中符合上述命名规则的函数,然后生成一个临时的 main 包,用于调用相应的测试函数,然后构建并运行、报告测试结果,最后清理测试中生成的临时文件。

## 14.3　单元测试的常用方法

Go 语言中提供了丰富的单元测试方法。

### 14.3.1　表驱动测试

在实际编写单元测试时,往往需要执行多个测试用例,期望达到更全面的覆盖效果,这

时就需要使用表驱动测试了,测试代码如下:

```go
//unit14/add/add_test.go
package add

import "testing"

func TestAdd(t * testing.T) {
    got : = Add(2, 3)
    want : = 6
    if got != want {
            t.Errorf("got % d, want % d", got, want)
    }
}

func TestAddTable(t * testing.T) {
    tests : = []struct {
            name string
            a   int
            b   int
            want int
    }{
            {name: "正常测试", a: 10, b: 2, want: 12},
            {name: "0 值问题", a: 1, b: 0, want: 1},
            {name: "负数问题", a: 1, b: −1, want: 0},
            {name: "溢出问题", a: 99999999999, b: 1, want: 100000000000},
    }
    for _, tt : = range tests {
            t.Run(tt.name, func(t * testing.T) {
                    if got : = Add(tt.a, tt.b); got != tt.want {
                            t.Errorf("exp: % d, got: % d", tt.want, got)
                    }
            })
    }
}
```

执行命令及输出的结果如下:

```
命令 go test − v
输出:
=== RUN   TestAdd
    add_test.go:10: got 5, want 6
--- FAIL: TestAdd (0.00s)
=== RUN   TestAddTable
=== RUN   TestAddTable/正常测试
=== RUN   TestAddTable/0 值问题
=== RUN   TestAddTable/负数问题
=== RUN   TestAddTable/溢出问题
--- PASS: TestAddTable (0.00s)
    --- PASS: TestAddTable/正常测试 (0.00s)
```

```
    --- PASS: TestAddTable/0 值问题 (0.00s)
    --- PASS: TestAddTable/负数问题 (0.00s)
    --- PASS: TestAddTable/溢出问题 (0.00s)
FAIL
exit status 1
FAIL  code/unit14/add 0.049s
```

可以使用-run命令指定执行某个测试方法,命令如下:

```
go test － v － run TestAddTable
```

## 14.3.2　随机执行

上面的例子是按照顺序执行的,单元测试大多随机执行,这样更能够发现一些没有注意到的错误,例如下面的这个例子,利用 map 的特性很容易将上面这个例子改造为随机执行的单元测试,代码如下:

```go
func TestAddRand(t * testing.T) {
    tests : = map[string]struct {
            a    int
            b    int
            want int
    }{
            "正常测试": {a: 10, b: 2, want: 12},
            "0 值问题": {a: 1, b: 0, want: 1},
            "负数问题": {a: 1, b: － 1, want: 0},
            "溢出问题": {a: 99999999999, b: 1, want: 100000000000},
    }
    for name, tt : = range tests {
            t.Run(name, func(t * testing.T) {
                    if got : = Add(tt.a, tt.b); got != tt.want {
                            t.Errorf("exp: % d, got: % d", tt.want, got)
                    }
            })
    }
}
```

执行命令及输出的结果如下:

```
命令 go test － v － run TestAddRand
输出:
=== RUN   TestAddRand
=== RUN   TestAddRand/溢出问题
=== RUN   TestAddRand/正常测试
=== RUN   TestAddRand/0 值问题
=== RUN   TestAddRand/负数问题
--- PASS: TestAddRand (0.00s)
    --- PASS: TestAddRand/溢出问题 (0.00s)
```

```
    --- PASS: TestAddRand/正常测试 (0.00s)
    --- PASS: TestAddRand/0 值问题 (0.00s)
    --- PASS: TestAddRand/负数问题 (0.00s)
PASS
ok   code/unit14/add 0.051s
```

### 14.3.3　子测试

子测试提供了一种在一个测试函数中执行多个测试的能力，代码如下：

```go
//unit14/add/add_test.go
package add

import "testing"

func TestAdd(t *testing.T) {
    got := Add(2, 3)
    want := 6
    if got != want {
        t.Errorf("got %d, want %d", got, want)
    }
}

func TestAddRand(t *testing.T) {
    tests := map[string]struct {
        a   int
        b   int
        want int
    }{
        "正常测试": {a: 10, b: 2, want: 12},
        "0 值问题": {a: 1, b: 0, want: 1},
        "负数问题": {a: 1, b: -1, want: 0},
        "溢出问题": {a: 99999999999, b: 1, want: 100000000000},
    }
    for name, tt := range tests {
        t.Run(name, func(t *testing.T) {
            if got := Add(tt.a, tt.b); got != tt.want {
                t.Errorf("exp: %d, got: %d", tt.want, got)
            }
        })
    }
}

func TestAddSub(t *testing.T) {
    t.Run("子测试 1", TestAddRand)
    t.Run("子测试 2", TestAdd)
}
```

输出如下:

```
=== RUN   TestAddSub
=== RUN   TestAddSub/子测试 1
=== RUN   TestAddSub/子测试 1/正常测试
=== RUN   TestAddSub/子测试 1/0 值问题
=== RUN   TestAddSub/子测试 1/负数问题
=== RUN   TestAddSub/子测试 1/溢出问题
=== RUN   TestAddSub/子测试 2
    add_test.go:10: got 5, want 6
--- FAIL: TestAddSub (0.00s)
    --- PASS: TestAddSub/子测试 1 (0.00s)
        --- PASS: TestAddSub/子测试 1/正常测试 (0.00s)
        --- PASS: TestAddSub/子测试 1/0 值问题 (0.00s)
        --- PASS: TestAddSub/子测试 1/负数问题 (0.00s)
        --- PASS: TestAddSub/子测试 1/溢出问题 (0.00s)
    --- FAIL: TestAddSub/子测试 2 (0.00s)
FAIL
exit status 1
FAIL    code/unit14/add 0.051s
```

### 14.3.4  TestMain()函数

有时会遇到这样的场景,在进行测试之前需要初始化操作(例如打开连接),测试结束后,需要做清理工作(例如关闭连接)等。这时就可以使用 TestMain()函数,它是测试文件的入口,代码如下:

```go
func TestMain(m * testing.M) {
    fmt.Println("测试之前")
    m.Run()
    fmt.Println("测试之后")
}
```

测试从 TestMain 进入,依次执行测试用例,最后从 TestMain 退出。

## 14.4  基准测试

基准测试(Benchmark)是由 go testing 库提供的,是一种用来度量程序性能及算法优劣的利器,代码如下:

```go
//unit14/add/add_bench_test.go
package add

import "testing"

func BenchmarkAdd(b * testing.B) {
```

```
        for n : = 0; n < b. N; n++{
              Add(1, 2)
        }
}
```

位于同一个包 e 内的测试文件以 _ test. go 结尾,其中的测试用例格式为 func BenchmarkXxx(b ＊ testing. B),注意 Xxx 首字母要大写(驼峰命名法)。

go test 命令默认不执行 benchmark 测试,需要加上-bench 参数,该参数支持正则表达式,只有匹配到的测试用例才会执行,使用".",则运行所有测试用例。

执行命令及输出的结果如下:

```
命令 go test - v - bench = . - run BenchmarkAdd
输出:
goos: windows
goarch: amd64
pkg: code/unit14/add
cpu: AMD Ryzen 7 5800H with Radeon Graphics
BenchmarkAdd
BenchmarkAdd - 16            1000000000           0.2302 ns/op
PASS
```

其中,BenchmarkAdd-16 表示有 16 个 CPU 来执行测试,第 2 列的数字表示执行了 10 亿次,第 3 列的 0.2302ns/op 表示每次操作的用时为 0.2302 纳秒,这个数字越小越好。

## 14.5 包管理

Go 语言作为一门开源的编程语言,已经被广泛地应用于各个领域。作为一门现代化的编程语言,Go 语言支持模块化开发,而包和依赖管理是模块化开发的重要组成部分。Go mod 作为 Go 语言的官方包管理工具,可以帮助开发者更好地管理包和依赖,提高开发效率和项目可维护性。

### 14.5.1 Go 包的概念

Go 语言中的包是一组具有相关功能的 Go 源码文件的集合。它们被组织在一起,从而形成一个独立的单元,供其他程序引用和使用。每个包都有一个唯一的包名,并以关键字 package 开头。一个包既可以被其他包引用,也可以引用其他包中的代码。通过这种方式,Go 语言中的包实现了代码的模块化,便于管理和复用。

每个包通常由多个文件组成,这些文件的命名必须以".go"为后缀。在同一个包中的所有文件必须使用相同的包名,并且它们的代码都必须在同一个目录下。一个包的代码可以包含类型定义、变量、常量、函数和方法等。

### 14.5.2　包的导入与可见性

在同一个包内声明的标识符(Go 语言中的命名对象,包括变量、常量、函数、类型、结构体等)都位于这个包的命名空间下。如果想要在包外使用包内的标识符就需要添加包名前缀,例如 fmt.Println("Hello world!"),即调用 fmt 包中的 Println()函数。

若一个包中的标识符能够被外部包所访问与使用,则标识符必须是对外可见的。在 Go 语言中,通过标识符的首字母大小写来控制标识符的对外是否可见。当标识符的首字母大写时,表示对外可见。

例如,在同一目录下创建一个 demo 包,在 demo 包下创建 demo.go 文件,代码如下:

```
//unit14/demo/demo.go
package demo

import "fmt"

//number 定义一个全局整型变量
//首字母小写,对外不可见(只能在当前包内使用)
var number = 100

//Str 定义一个常量
//首字母大写,对外可见(可在其他包中使用)
const Str = "字符串常量"

//user 定义用户的结构体
//首字母小写,对外不可见(只能在当前包内使用)
type user struct {
    name string
    age int
}

//Add 返回两个整数的和的函数
//首字母大写,对外可见(可在其他包中使用)
func Add(x, y int) int {
    return x + y
}

//printHello 定义一个打印函数
//首字母小写,对外不可见(只能在当前包内使用)
func printHello() {
    fmt.Println("Hello")
}
```

当在其他文件中使用 demo 包时,只能访问 demo 包中可见的标识符,代码如下:

```
//unit14/1.使用包.go
package main
```

```
import (
    "code/unit14/demo"
    "fmt"
)

func main() {
    fmt.Println(demo.Str)            //字符串常量
    fmt.Println(demo.Add(10, 20))    //30
}
```

**注意**：在 Go 语言中，导包路径不能有中文。如图 14-3 所示，由于导包路径有中文，所以无法编译运行。

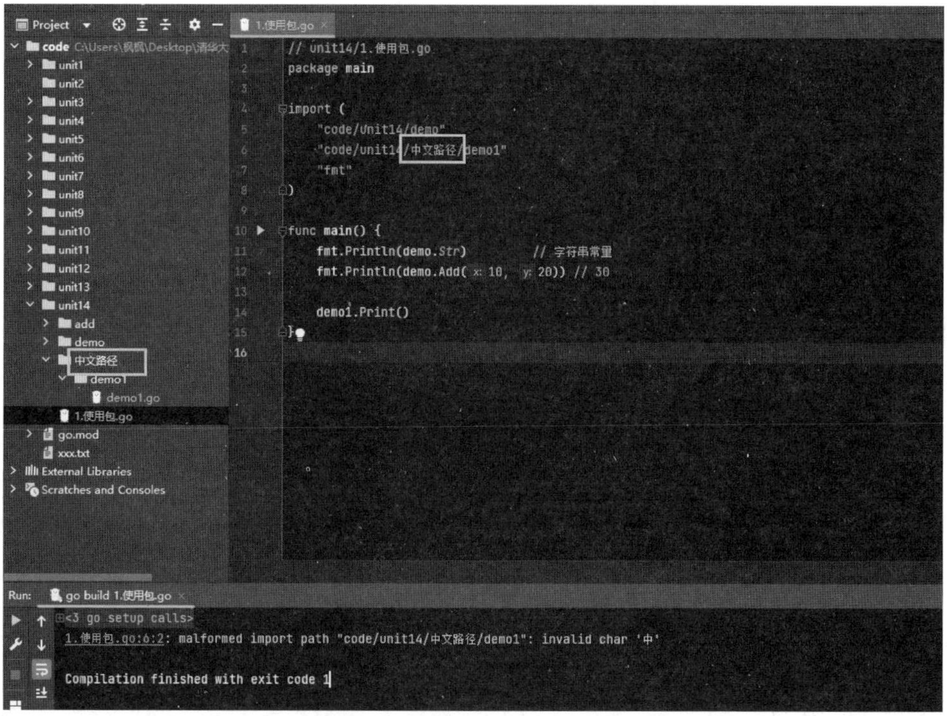

**图 14-3  导包路径出现中文错误**

## 1. 标准应用

如果需要在当前包中使用外部包的内容，则可以通过 import 关键字引入需要使用的包，import 语句通常放在 Go 文件开头及 package 声明语句的下方，代码如下：

```
import packagename "path/package"
```

其中，packagename 为自定义包名，可以通过自定义包名为导入的包重新命名，可以防止同包名导入产生歧义。通常省略，默认值为引入包的包名。

Go 文件中可以引入多个包,示例代码如下:

```
import "fmt"
import "net/http"
import "os"
```

另外,也可以使用括号进行批量引入,示例代码如下:

```
import (
    "fmt"
    "net/http"
    "os"
)
```

### 2. 自定义别名引用

当引入的多个包中存在相同的包名或者想为某个包设置一个新包名时,可以通过 packagename 指定一个在当前 Go 文件中使用的新包名,例如,在引入 fmt 包时为其指定一个新包名 f。

在定义完新包名后,在 Go 文件中则可以使用这个新包名,代码如下:

```
package main

import f "fmt"

func main() {
    f.Println("枫枫")
}
```

### 3. 省略引用

省略引用可以将导入的包直接合并到当前程序,在使用该包时可以不加包名前缀而直接引用,代码如下:

```
package main

import . "fmt"

func main() {
    Println("枫枫")
}
```

---

**注意**:使用此方法导包,如果多个包中有相同名称的标识符,则会导致编译错误。

---

### 4. 匿名引用

当引入一个包时,如果在其引入的路径名称前设置"_"标识作为包名,则这种包的引入方式就称为匿名引入。

一个包被匿名引入的目的主要是为了加载这个包,从而使这个包中的资源得以初始化。被匿名引入的包中的 init 函数将被执行并且仅执行一遍,代码如下:

```
//unit14/demo/init1.go
package demo

import "fmt"

func init() {
    fmt.Println("demo 下的 init 函数自动执行")
}

//unit14/4.匿名引用.go
package main

import _ "code/unit14/demo"

func main() {
}
```

输出如下:

```
demo 下的 init 函数自动执行
```

匿名引入的包与其他方式导入的包一样都会被编译到可执行文件中。

在 Go 语言中,如果引入包却不使用该包的内容,则会触发编译错误,如果包中有 init 初始化函数,则使用匿名引用的方式来执行包的初始化函数,即使包没有 init 初始化函数,也不会引发编译器报错。

### 14.5.3　Go 依赖管理的概念

依赖管理是现代软件开发中不可避免的一部分。它用于解决在一个项目中使用其他库和框架的问题。在 Go 语言中,可以通过导入其他包来引用外部代码,但是,Go 语言自带的包管理机制比较简单,无法满足复杂项目的需求,因此需要使用第三方的包管理工具来解决这个问题。

在 Go 语言中,常见的依赖管理工具有 dep 和 go mod 等。它们可以自动下载、更新、管理项目依赖的包,同时保证项目的可重复性和稳定性。这些工具还可以管理依赖包的版本、依赖关系、引入和删除等操作。

### 14.5.4　go mod 的使用

go mod 是 Go 语言自带的依赖管理工具,从 Go 1.11 版本开始成为官方标准。它通过一个叫作 go.mod 的文件来管理项目依赖的包。go.mod 文件包含了项目依赖的版本、依赖关系、引入和删除等信息。使用 go mod 可以方便地管理项目依赖的包,并自动处理包的版本冲突和依赖关系等问题。

go mod 管理包的基本步骤如下。

(1) 初始化项目：使用 go mod init 命令来初始化一个新的 Go 模块，生成一个 go.mod 文件，用于管理项目依赖。

(2) 添加依赖：使用 go get 命令来将一个新的依赖包添加到项目中。

(3) 更新依赖：使用 go get -u 命令来将依赖包更新到最新版本。

(4) 删除依赖：使用 go mod tidy 命令来删除项目中没有用到的依赖包。

(5) 查看依赖：使用 go list 命令来查看当前项目的依赖包。

# 第 15 章

# 反　　射

Go 语言中的反射(Reflection)是指在运行时动态地对程序的类型进行检查、访问和操作的能力。通过反射,可以在不知道具体类型的情况下,获取类型的信息,调用其方法,修改其字段值等。

## 15.1　反射的优点与缺点

反射在许多方面非常有用,示例如下。

(1) 动态编程:通过反射,可以动态地创建对象,调用方法,甚至构建全新的类型。

(2) 框架与库开发:很多流行的 Go 框架,如 Gin、Beego 等在内部使用反射来实现灵活和高度可定制的功能。

(3) 元编程:写出可以自我分析和自我修改的代码,这在配置管理、依赖注入等场景中尤其有用。

尽管反射非常强大,但也有其局限性和风险,示例如下。

(1) 代码难以阅读和维护。

(2) 编译期间不能发现类型错误,有些 bug 只能在运行很长时间才能发现,可能会造成不良后果。

(3) 反射性能差,通常比正常代码慢一到两个数量级。在对性能要求高或大量反复调用的代码块里建议不要使用反射。

## 15.2　reflect 包

Go 语言中的反射是由 reflect 包提供支持的,它定义了两个重要的类型 Type 和 Value。任意接口值在反射中都可以理解为由 reflect. Type 和 reflect. Value 两部分组成,并且 reflect 包提供了 reflect. TypeOf 和 reflect. ValueOf 两个函数来获取任意对象的 Value 和 Type。

## 15.2.1　type Type 类型

常用方法如下：

```
type Type interface {

    //当在内存中分配时,返回此类型值的对齐方式(以字节为单位)
    Align() int

    //当用作结构体中的字段时,返回此类型值的对齐方式(以字节为单位)
    FieldAlign() int

    //返回结构体中的第 i 种方法
    Method(i int) Method

    //返回结构体中指定的方法,并返回是否找到该方法的 bool 值
    MethodByName(string) (Method, bool)

    //返回可访问的方法数量
    NumMethod() int

    //返回结构体名称
    Name() string

    //返回包路径
    PkgPath() string

    //返回类型存储所占用的直接大小
    Size() uintptr

    //返回类型的字符串表示形式。字符串表示可以使用缩短的包名称,并且不能保证在类型之间
    //是唯一的。如果要测试类型标识,则应直接比较类型
    String() string

    //返回此类型的特定种类
    Kind() Kind

    //判断是否实现了指定的接口 u
    Implements(u Type) bool

    //判断类型的值是否可分配给 u 类型
    AssignableTo(u Type) bool

    //判断类型的值是否可转换为 u 类型,即使返回值为 true,也可能会引发 panic 错误,转换类型
    //(切片)长度小于被转换类型的长度可能会引发 panic 错误
    ConvertibleTo(u Type) bool

    //判断此类型的值是否具有可比性,即使 Comparable 返回值为 true,这种比较仍可能引发 panic
```

```
//错误,例如,接口类型的值是可比较的,但如果它们的动态类型不可比较,否则会引发 panic
    Comparable() bool

    //返回类型的字节大小
    Bits() int

    //返回通道类型的方向。如果这种类型的 Kind 不是 Chan,则会引发 panic
    ChanDir() ChanDir

    //判断函数输入类型
    IsVariadic() bool

    //返回指针类型的数据类型。如果类型的 Kind 不是 Array、Chan、Map、Pointer 或 Slice,则会
//引发宕机
    Elem() Type

    //返回结构体中的第 i 个字段
    Field(i int) StructField

    //返回与索引相对应的嵌套字段
    FieldByIndex(index []int) StructField

    //返回具有给定名称的结构字段,并返回一个布尔值,指示是否找到该字段
    FieldByName(name string) (StructField, bool)

    //以广度优先的顺序考虑结构本身中的字段,然后考虑任何嵌入结构中的字段。在最浅的嵌套
//深度处停止,嵌套深度包含一个或多个满足匹配函数的字段。如果该深度的多个字段满足匹配函
//数,则它们会相互抵消,FieldByNameFunc 不会返回匹配。此行为反映了 Go 对包含嵌入字段的结构
//中的名称查找的处理
    FieldByNameFunc(match func(string) bool) (StructField, bool)

    //返回函数类型的第 i 个输入参数的类型
    In(i int) Type

    //返回映射类型的键类型。如果类型的 Kind 不是 Map,则会引发宕机
    Key() Type

    //返回数组类型的长度
    Len() int

    //返回结构类型的字段数量
    NumField() int

    //返回函数类型的输入参数数量
    NumIn() int

    //返回函数类型的输出参数数量
    NumOut() int

    //返回函数类型的第 i 个输出参数的类型
    Out(i int) Type
}
```

使用 reflect.TypeOf()函数即可得到 Type 类型,代码如下:

```go
//unit15/typeof/1.类型方法.go
package main

import (
    "fmt"
    "reflect"
)

type Info struct {
    Name string `json:"name"`
    Age int     `json:"age"`
}

func (i Info)GetName() string {
    return "枫枫"
}

func main() {
    var info Info
    t : = reflect.TypeOf(info)
    fmt.Printf(" % T\n", t)
}
```

## 15.2.2 type Kind 类型

通过 Type.Kind()函数得到,表示此对象的特定类型,定义如下:

```go
type Kind uint
const (
    Invalid Kind = iota
    Bool
    Int
    Int8
    Int16
    Int32
    Int64
    Uint
    Uint8
    Uint16
    Uint32
    Uint64
    Uintptr
    Float32
    Float64
    Complex64
    Complex128
    Array
```

```
    Chan
    Func
    Interface
    Map
    Pointer          //ptr
    Slice
    String
    Struct
    UnsafePointer
)
```

通常用于判断对象的类型,代码如下:

```
//unit15/typeof/2.kind.go
package main

import (
    "fmt"
    "reflect"
)

func main() {
    var name = "枫枫"

    t := reflect.TypeOf(name)
    if t.Kind() == reflect.String {
            fmt.Println("String 类型")
    }

    var ptrName = &name
    t = reflect.TypeOf(ptrName)
    if t.Kind() == reflect.Ptr {
            fmt.Println("指针类型")
    }

    var slice = []string{"A", "B"}
    t = reflect.TypeOf(slice)
    if t.Kind() == reflect.Slice {
            fmt.Println("切片类型")
    }
}
```

## 15.2.3　TypeOf 常用方法

在 Go 语言中,可以通过 reflect.TypeOf()函数获得任意值的类型对象(reflect.Type)。

7min

**1. Elem()**

此方法可以将指针类型转换为普通类型,代码如下:

```
//unit15/typeof/3.elem.go
package main

import (
    "fmt"
    "reflect"
)

func main() {
    var name = "枫枫"
    var ptrName = &name
    t : = reflect.TypeOf(ptrName)
    //t是指针类型
    if t.Kind() == reflect.Ptr {
        fmt.Println("t是指针类型")
    }
    //把指针类型转换为普通类型
    if t.Elem().Kind() == reflect.String {
        fmt.Println("t.Elem()字符串类型")
    }
}
```

**注意**：调用 Elem()方法，一定是一个指针对象，否则会触发 panic 错误。

### 2. NumField

使用此方法可以获取结构体的字段数，再通过 Field()方法可以获得每个字段的类型，代码如下：

```
//unit15/typeof/4.numField.go
package main

import (
    "fmt"
    "reflect"
)

func main() {
    type Info struct {
            Name string `json:"name"`
            Age int
            pwd string
    }
    var info Info
    t : = reflect.TypeOf(info)

    numField := t.NumField()
    fmt.Println(numField)              //3
```

```
    //循环获取每个字段的类型
    for i : = 0; i < numField; i++{
        field := t.Field(i)            //reflect.StructField 类型
        fmt.Println(field.Name)        //字段的名称
        fmt.Println(field.Type.Kind()) //字段的类型
        fmt.Println(field.Tag)         //可以获取 tag
    }
}
```

也可通过 FieldByName( )方法根据字段名返回字段类型,代码如下:

```
//unit15/typeof/5.fieldByName.go
package main

import (
    "fmt"
    "reflect"
)

func main() {
    type Info struct {
            Name string `json:"name"`
            Age int
            pwd string
    }
    var info Info
    t : = reflect.TypeOf(info)

    field, ok : = t.FieldByName("Name")
    fmt.Println(field, ok)          //{Name string json:"name" 0 [0] false} true

    field, ok = t.FieldByName("pwd")
    fmt.Println(field, ok)          //{pwd main string 24 [2] false} true
}
```

## 3. NumMethod

使用此方法可获取结构体的可对外访问的方法的个数,代码如下:

```
//unit15/typeof/6.numMethod.go
package main

import (
    "fmt"
    "reflect"
)

type Student struct {
    Name string `json:"name"`
    Age int
```

```
        pwd string
}

func (s Student) GetName() string {
    return s.Name
}

func (s * Student) SetName(name string) {
    s.Name = name
}

func (s * Student) getPwd() string {
    return s.pwd
}

func main() {
    var s Student
    t := reflect.TypeOf(s)
    methodNum := t.NumMethod()
    fmt.Println(methodNum)        //1 只能获取普通结构体方法,获取不到指针方法,未导出方法也
                                  //获取不到

    t.NumMethod()
    for i := 0; i < methodNum; i++{
            method := t.Method(i)
            fmt.Println(method)
    }

    t = reflect.TypeOf(&s)
    methodNum = t.NumMethod()
    fmt.Println(methodNum)        //2 只要传指针,就能获取指针方法和普通方法
    t.NumMethod()
    for i := 0; i < methodNum; i++{
        method := t.Method(i)
        fmt.Println(method)
    }

}
```

---

**注意**:若结构体有指针方法,则传递到 TypeOf()的实参也应该是结构体指针。

---

同理,可使用 MethodByName()方法根据方法名获取方法的 Type 对象,代码如下:

```
method, ok := t.MethodByName("GetName")
fmt.Println(method, ok)
//方法名
fmt.Println(method.Name)
typeFunc := method.Func.Type()
fmt.Println(typeFunc.NumIn())                        //入参个数
```

```
fmt.Println(typeFunc.NumOut())                    //出参个数
for i : = 0; i < typeFunc.NumIn(); i++{
        fmt.Printf("第 %d 个输入参数类型是 %s \n", i, typeFunc.In(i))
}
for i : = 0; i < typeFunc.NumOut(); i++{
    fmt.Printf("第 %d 个输出参数类型是 %s \n", i, typeFunc.Out(i))
}
```

---

**注意**：方法的第 1 个参数是结构体本身。

---

### 4. NumIn 和 NumOut

使用此方法，可获取函数或结构体方法的入参类型，代码如下：

```
//unit15/typeof/7.numIn.go
package main

import (
    "fmt"
    "reflect"
)

func Add(a, b int) int {
    return a + b
}
func main() {
    t : = reflect.TypeOf(Add)
    if t.Kind() == reflect.Func {
            fmt.Println("函数类型", t.Kind())
    }

    fmt.Println("入参个数", t.NumIn())         //2
    fmt.Println("出参个数", t.NumOut())        //1

    for i : = 0; i < t.NumIn(); i++{
            fmt.Printf("第 %d 个输入参数类型是 %s \n", i, t.In(i))
    }
    for i : = 0; i < t.NumOut(); i++{
            fmt.Printf("第 %d 个输出参数类型是 %s \n", i, t.Out(i))
    }
}
```

### 5. Tag 获取

此方法针对结构体有效，通过 Tag 类型的 Get()方法或 Lookup()方法获取结构体的 tag 参数，代码如下：

```
//unit15/typeof/8.tag.go
package main
```

```
import (
    "fmt"
    "reflect"
)

type TagInfo struct {
    Name string `json:"name"`
    Age int     `json:"age,omitempty"`
}

func main() {
    var info TagInfo

    t := reflect.TypeOf(info)

    field, ok := t.FieldByName("Name")
    if ok {
        fmt.Println(field.Tag)                    //json:"name"
        fmt.Println(field.Tag.Get("json"))        //name
        fmt.Println(field.Tag.Lookup("json"))     //name true
    }
}
```

6min

## 15.2.4　ValueOf 常用方法

在 Go 语言中，可以通过 reflect.ValueOf()函数获取任意值的 reflect.Value 类型的对象，然后通过该对象可以获取其相关信息，代码如下：

```
//unit15/valueof/1.基本使用.go
package main

import (
    "fmt"
    "reflect"
)

func main() {
    name := "枫枫"

    v := reflect.ValueOf(name)
    fmt.Println(v)                            //枫枫
    //获取具体类型的值
    fmt.Println(v.String())                   //枫枫
    //获取值对应的类型
    fmt.Println(v.Type())                     //string

    slice := []string{"A", "B"}
    v = reflect.ValueOf(slice)
```

```
        //切片可直接切片
        fmt.Println(v.Slice(1, 2))              //[B]
        //通过断言到实际类型
        fmt.Println(v.Interface().([]string))   //[A B]

        num := 100
        v = reflect.ValueOf(num)
        fmt.Println(v.Int())                    //100
}
```

### 1. 获取结构体的值

首先使用 NumField()方法获取结构体字段的个数,然后遍历每个字段,获取对应字段的值,代码如下:

```
//unit15/valueof/2.获取结构体字段.go
package main

import (
    "fmt"
    "reflect"
)

func main() {
    type Info struct {
        Name string `json:"name"`
        Age  int
        pwd  string
    }
    var info = Info{
            Name: "枫枫",
            Age: 123,
            pwd: "123456",
    }

    v := reflect.ValueOf(info)
    //获取结构体的字段,然后循环
    for i := 0; i < v.NumField(); i++{
            field := v.Field(i)
            //获得类型
            fmt.Println(field, field.Kind())
    }
    //输出
    //枫枫 string
    //123 int
    //123456 string
}
```

也可通过 FieldByName()方法使用字段名获取字段值,代码如下:

```
field := v.FieldByName("Name")
fmt.Println(field)
//如果不存在,则得到< invalid reflect.Value>
field = v.FieldByName("Name1")
fmt.Println(field)
if field.Kind() == reflect.Invalid {
        fmt.Println("空值")
}
```

## 2. 修改结构体字段的值

通过 SetType()方法修改结构体字段的值,代码如下:

```
//unit15/valueof/3.修改结构体字段.go
package main

import (
    "fmt"
    "reflect"
)

func main() {
    type Info struct {
            Name string `json:"name"`
            Age   int
            Likes []string
            pwd   string
    }
    var info = Info{
            Name: "枫枫",
            Age: 123,
            pwd: "123456",
    }

    //必须传指针
    v := reflect.ValueOf(&info).Elem()

    //修改 Name 字段对应的值,string 类型对应调用的方法是 SetString
    v.FieldByName("Name").SetString("张三")
    v.FieldByName("Age").SetInt(25)
    //复杂类型的修改
    v.FieldByName("Likes").Set(reflect.ValueOf([]string{"看电视"}))
    //只能修改对外抛出的字段,小写字段只能查看,不能修改
    //v.FieldByName("pwd").SetString("abc")                //panic
    //值已经被修改了
    fmt.Println(info)                                      //{张三 25 [看电视] 123456}

}
```

注意：修改结构体字段，传递给 ValueOf 的实参必须是指针对象，对于小写字段，不能修改。

### 3. 执行函数

使用 Call( )方法调用函数，代码如下：

```
//unit15/valueof/4.执行函数.go
package main

import (
    "fmt"
    "reflect"
)

func Add(a, b int) int {
    return a + b
}

func main() {
    v : = reflect.ValueOf(Add)
    //调用函数,两个参数
    res : = v.Call([]reflect.Value{
            reflect.ValueOf(1),
            reflect.ValueOf(2),
    })
    fmt.Println(res[0])          //3
}
```

### 4. 执行结构体方法

与执行函数类似，调用 Call( )方法执行，代码如下：

```
//unit15/valueof/5.执行方法.go
package main

import (
    "fmt"
    "reflect"
)

type Student struct {
    Name string
    Age int
}

func (s Student) GetName() string {
    return s.Name
}
```

```go
func (s * Student) SetName(name string) {
    s.Name = name
}
func (s Student) getAge() int {
    return s.Age
}
func (s Student) Print(val string) {
    fmt.Println(val)
}

func main() {
    s := Student{"枫枫", 23}

    v := reflect.ValueOf(s)
    //获取抛出的方法的个数
    methodNum := v.NumMethod()
    fmt.Println(methodNum)                    //2

    //调用 GetName 方法
    fmt.Println(v.MethodByName("GetName").Call(nil)[0].String())
    //调用 Print 方法
    fmt.Println(v.MethodByName("Print").Call([]reflect.Value{reflect.ValueOf("hello")}))

    //如果是指针方法,则需要在 ValueOf 中传递结构体指针

    v = reflect.ValueOf(&s)
    //获取抛出的方法的个数
    methodNum = v.NumMethod()
    fmt.Println(methodNum)                    //3
    //调用 SetName 指针方法
    v.MethodByName("SetName").Call([]reflect.Value{reflect.ValueOf("zhangsan")})
    fmt.Println(s)                            //{zhangsan 23}
}
```

注意:只能调用大写方法名的结构体方法,并且需要区分指针方法和普通方法,调用指针方法需要传递指针对象。

### 5. 通过反射创建结构体对象实例

通过 reflect.New()方法,可根据 Type 类型创建 Value 实例,然后调用 Set 方法给对应字段赋值即可,代码如下:

```go
//unit15/valueof/6.通过反射创建结构体对象实例.go
package main

import (
    "fmt"
    "reflect"
```

```
)

func main() {
    type User struct {
        Name string
        Age int
    }

    v := reflect.TypeOf(User{})
    //通过类型创建一个 Value 实例
    value := reflect.New(v)
    //赋值,必须用 Elem()
    value.Elem().FieldByName("Name").SetString("枫枫")
    value.Elem().FieldByName("Age").SetInt(25)

    //转换为普通类型
    user := value.Interface().(*User)
    fmt.Println(user)                    //&{枫枫 25}
    fmt.Println(user.Name, user.Age)     //枫枫 25
}
```

### 6. 通过反射创建 map 实例

首先通过 reflect.MakeMap()方法创建 map 实例,然后使用 SetMapIndex()给 map 赋值,代码如下:

```
//unit15/valueof/7.通过反射创建 map 实例.go
package main

import (
    "fmt"
    "reflect"
)

func main() {
    var userMap map[string]string

    mapType := reflect.TypeOf(userMap)
    //创建 map
    mapValue := reflect.MakeMap(mapType)

    //给对象赋值
    mapValue.SetMapIndex(reflect.ValueOf("name"), reflect.ValueOf("枫枫"))

    //返回 map
    mp := mapValue.Interface().(map[string]string)
    fmt.Println(mp, mp["name"])          //map[name:枫枫] 枫枫

}
```

# 第 16 章

# 网 络 编 程

网络编程是现代软件开发中的重要组成部分,它可以实现不同计算机之间的数据通信和信息交互。在 Go 语言中,网络编程非常方便,可以通过标准库提供的网络包实现 TCP/IP 协议、套接字编程、HTTP 协议等。

## 16.1 HTTP 编程

在 Go 语言中,HTTP 编程是一个强大且灵活的功能,允许开发者轻松地构建 Web 服务器端和客户端。本节将深入探讨如何使用 Go 的标准库 net/http 来实现 HTTP 服务。

### 16.1.1 HTTP 服务器端

2min

基于 HTTP 构建的服务标准模型包括两个端,即客户端(Client)和服务器端(Server)。HTTP 请求从客户端发出,服务器端接收到请求后进行处理,然后将响应返回客户端,所以 HTTP 服务器的工作就在于如何接收来自客户端的请求,并向客户端返回响应。典型的 HTTP 服务器的处理流程如图 16-1 所示。

在 Go 语言中,使用 net/http 可以很方便地构建一个 HTTP 服务器端,代码如下:

```
//unit16/http/1.http服务器端.go
package main

import (
    "fmt"
    "net/http"
)

func Hello(w http.ResponseWriter, r * http.Request) {
    w.Write([]byte("hello world"))
}

func main() {
```

```
    http.HandleFunc("/hello", Hello)
    fmt.Println("HTTP 服务运行在 http://127.0.0.1:8080/")
    err := http.ListenAndServe(":8080", nil)
    if err != nil {
        fmt.Println(err)
    }
}
```

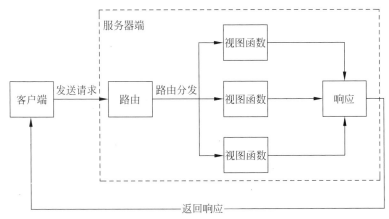

**图 16-1　HTTP 服务器的处理流程**

运行程序，打开浏览器，在浏览器网址栏输入 http://127.0.0.1:8080/hello，将会看到 hello world，如图 16-2 所示。

**图 16-2　HTTP 服务器运行效果**

http.ListenAndServe(":8080"，nil)这个函数是 Go 语言 net/http 包中用来启动一个 HTTP 服务的函数。

其中，第 1 个参数":8080"指定了服务监听的端口号，表示绑定在此计算机的全部 IP 上，内网的其他主机，可以通过这台主机的 IP 地址访问此项目，若不需要内网访问，则可以写成"127.0.0.1:8080"，而第 2 个参数 nil 指的是处理函数（handler）的参数。当第 2 个参数为 nil 时，表示使用默认的多路复用器 DefaultServeMux 来处理请求。

http.HandleFunc()函数用于将一个指定的 URL 模式与一个处理器函数关联起来。当服务器接收到匹配该模式的 HTTP 请求时，就会调用相应的处理器函数来处理请求。

w.Write()函数用于将字节数组作为响应体发送给发起 HTTP 请求的客户端。如果客户端发起了一个到服务器的/hello 路径的 GET 请求，并且服务器端注册了相应的处理器函数,当这个处理器函数执行时,就会通过这行代码向客户端发送 hello world 作为响应内容。

\* http. Request 是 Go 语言 net/http 包中的一个重要结构体,它表示一个 HTTP 请求,用于获取请求对象中的一些信息,例如请求路径、请求方式、请求参数等,代码如下:

```go
//unit16/http/2.request.go
package main

import (
    "fmt"
    "io"
    "net/http"
)

func main() {
    http.HandleFunc("/hello", func(writer http.ResponseWriter, request * http.Request) {
        fmt.Println("请求方法", request.Method)
        fmt.Println("请求路径", request.url.String())
        fmt.Println("请求头", request.Header)
        fmt.Println("客户端地址", request.RemoteAddr)
        byteData, _ := io.ReadAll(request.Body)
        fmt.Println("请求体", string(byteData))
        writer.Write([]byte("hello world"))
    })

    fmt.Println("HTTP 服务运行在 http://127.0.0.1:8080/")
    err := http.ListenAndServe(":8080", nil)
    if err != nil {
        fmt.Println(err)
    }
}
```

**注意**:因为此程序绑定的端口也是8080,所以运行之前需要把上一个程序停止。

其中"? key=fengfeng"这样的字符串被称为查询字符串,可以通过 URL 对象快速地获取 key 对应的值,代码如下:

```go
request.url.Query().Get("key")
```

如果 http. HandleFunc()函数中写了具体路径,则表示只能匹配此路径,如果访问其他路径,则会返回 404 page not found,如果写了"/"路径,则表示匹配全部路径,代码如下:

```go
//unit16/http/3.匹配全部路径.go
package main

import (
    "fmt"
```

```
        "net/http"
)

func main() {
    http.HandleFunc("/", func(writer http.ResponseWriter, request * http.Request) {
        writer.Write([]byte(request.url.String()))
    })

    fmt.Println("HTTP 服务运行在 http://127.0.0.1:8080/")
    err : = http.ListenAndServe(":8080", nil)
    if err != nil {
        fmt.Println(err)
    }
}
```

如果还有其他路径需要匹配,则会优先匹配实际路径,代码如下:

```
//如果要访问 /xxx,则会匹配此方法
http.HandleFunc("/xxx", func(writer http.ResponseWriter, request * http.Request) {
    writer.Write([]byte("xxx"))
})
http.HandleFunc("/", func(writer http.ResponseWriter, request * http.Request) {
    writer.Write([]byte(request.url.String()))
})
//如果要访问 /hello,则会匹配此方法
http.HandleFunc("/hello", func(writer http.ResponseWriter, request * http.Request) {
    writer.Write([]byte("hello"))
})
```

除了使用 http.HandleFunc()函数做路由分发之外,还可以使用 http.Handle(),此函数的第 2 个参数是一个接口,只需实现 ServeHTTP()方法,代码如下:

```
//unit16/http/3.handler.go
package main

import (
    "fmt"
    "net/http"
)

type Handler struct {
}

func (h Handler) ServeHTTP(writer http.ResponseWriter, request * http.Request) {
    writer.Write([]byte(request.url.String()))
}

func main() {
    var handler Handler
    http.Handle("/", handler)
```

```
        fmt.Println("HTTP 服务运行在 http://127.0.0.1:8080/")
        err := http.ListenAndServe(":8080", nil)
        if err != nil {
            fmt.Println(err)
        }
    }
```

如果只需匹配全部路径,不需要单独匹配某个路径,则可直接使用 http.ListenAndServe() 函数的第 2 个参数,代码如下:

```
//unit16/http/5.默认 handler.go
package main

import (
    "fmt"
    "net/http"
)

type Handler struct {
}

func (h Handler) ServeHTTP(writer http.ResponseWriter, request * http.Request) {
    writer.Write([]byte(request.url.String()))
}

func main() {
    var handler Handler
    fmt.Println("HTTP 服务运行在 http://127.0.0.1:8080/")
    err := http.ListenAndServe(":8080", handler)
    if err != nil {
        fmt.Println(err)
    }
}
```

使用此方法,灵活性、扩展性都有了很大提升,例如可以实现项目中的服务注入功能,代码如下:

```
//unit16/http/6.服务注入.go
package main

import (
    "fmt"
    "net/http"
)

type ServerHandler struct {
    DB any                          //假设这是数据库的连接
}
```

```go
func (h * ServerHandler) ServeHTTP(writer http.ResponseWriter, request * http.Request) {
    //在这里面就能使用DB连接,不需要再去其他地方获取连接了
    fmt.Println(h.DB)
    writer.Write([]byte(request.url.String()))
}

func main() {
    var handler = ServerHandler{
            DB: "数据库连接",           //假设这是数据库连接
    }
    http.Handle("/", &handler)         //一般将指针传递过去

    fmt.Println("HTTP 服务运行在 http://127.0.0.1:8080/")
    err := http.ListenAndServe(":8080", nil)
    if err != nil {
            fmt.Println(err)
    }
}
```

如果需要实现 HTTPS 的服务访问,则代码如下:

```go
//unit16/http/7.https.go
package main

import (
    "fmt"
    "net/http"
)

func main() {
    http.HandleFunc("/", func(writer http.ResponseWriter, request * http.Request) {
            writer.Write([]byte(request.url.String()))
    })
    fmt.Println("HTTP 服务运行在 http://127.0.0.1:8080/")
    err := http.ListenAndServeTLS(":443", "unit16/http/certificate.crt", "unit16/http/private.key", nil)
    if err != nil {
            fmt.Println(err)
    }
}
```

在本地生成 SSL 证书可参考的命令如下:

```
//生成私钥
openssl genrsa - out private.key 2048

//使用私钥生成,一直按 Enter 键即可
openssl req - new - key private.key - out csr.pem

//使用 CSR 和私钥创建自签名证书
openssl req - x509 - days 365 - key private.key - in csr.pem - out certificate.crt
```

因为是自签证书,所以浏览器会认为不安全,如图 16-3 所示,单击高级,然后继续前往即可。

图 16-3　HTTPS 访问页面

6min

## 16.1.2　HTTP 客户端

基本的 GET、POST 请求可直接使用 net/http 库中的 Get()、Post()、PostForm()方法,代码如下:

```go
//unit16/http/11.http客户端.go
package main

import (
    "bytes"
    "fmt"
    "net/http"
    "net/url"
)

func main() {
    //发送 GET 请求
    response, err := http.Get("http://baidu.com")
    fmt.Println(response, err)

    //发送 POST 请求
    response, err = http.Post("http://baidu.com", "application/json", bytes.NewReader([]byte("{\"name\":\"fengfeng\"}")))

    //发送 x-www-form-urlencoded 格式的 POST 请求
```

```
response, err = http.PostForm("http://baidu.com", url.Values{
        "name": {"fengfeng"},
    })
}
```

如果需要做一些高级的操作,例如修改请求头或者发起其他请求方式,则需要使用
http.NewRequest()方法自定义请求,代码如下:

```
//unit16/http/12.自定义请求.go
package main

import (
    "fmt"
    "net/http"
)

func main() {
    req, err := http.NewRequest("GET", "http://baidu.com", nil)
    if err != nil {
        fmt.Println(err)
        return
    }

    //自定义请求头
    req.Header.Add("Name", "fengfeng")
    //发请求
    response, err := http.DefaultClient.Do(req)
    fmt.Println(response, err)
}
```

针对带有请求体的请求,例如 POST、PUT、DELETE 请求都会有一个 contentType 参
数,用于规定请求体的类型,不同的类型需要后端不同的解析方式,可分为 form-data、
x-www-form-urlencoded、json 三大类。

服务器端程序用于查看不同的请求类型对应的原始内容,代码如下:

```
//unit16/http/8.请求体类型.go
package main

import (
    "fmt"
    "io"
    "net/http"
)

func main() {
    http.HandleFunc("/", func(writer http.ResponseWriter, request * http.Request) {
            byteData, _ := io.ReadAll(request.Body)
            fmt.Printf("请求方式 %s 请求体内容:%s\n", request.Method, string(byteData))
```

```
                    //传什么内容就原样返回
                    writer.Write(byteData)
        })

        fmt.Println("HTTP 服务运行在 http://127.0.0.1:8080/")
        err := http.ListenAndServe(":8080", nil)
        if err != nil {
                fmt.Println(err)
        }
}
```

## 1. form-data 请求

使用 multipart.NewWriter()函数创建一个表单写入器,代码如下:

```
//unit16/http/13.请求方式 - form - data.go
package main

import (
    "bytes"
    "fmt"
    "mime/multipart"
    "net/http"
)

func main() {
    //创建一个内存中的 buffer
    var b bytes.Buffer
    //创建一个新的 multipart writer
    writer := multipart.NewWriter(&b)
    //添加表单字段
    writer.WriteField("name", "枫枫")
    //添加文件
    writer.CreateFormFile("file", "unit16/http/13.请求方式.go")
    response, err := http.Post("http://127.0.0.1:8080", writer.FormDataContentType(), &b)
    fmt.Println(response, err)
}
```

对应服务器端接收的数据如下:

```
请求方式 POST 请求体内容:
-- 30b9cf554efaa56e37edd79f36ef6c10f3cc85cd53c520a3f01a953b1217
Content - Disposition: form - data; name = "name"

枫枫
-- 30b9cf554efaa56e37edd79f36ef6c10f3cc85cd53c520a3f01a953b1217
Content - Disposition: form - data; name = "file"; filename = "unit16/http/13.请求方式.go"
Content - Type: application/octet - stream
```

注意:运行此客户端之前,需要先运行 HTTP 服务器端。

## 2. x-www-form-urlencoded 请求

使用 url.Values 构造 x-www-form-urlencoded 参数,代码如下:

```go
//unit16/http/14.请求方式-www-form-urlencoded.go
package main

import (
    "bytes"
    "fmt"
    "net/http"
    "net/url"
)

func main() {
    urls := url.Values{
        "name": []string{"枫枫"},
        "age": []string{"18"},
    }
    response, err := http.Post("http://127.0.0.1:8080", "application/x-www-form-urlencoded", bytes.NewReader([]byte(urls.Encode())))
    fmt.Println(response, err)
}
```

服务器端接收的数据如下:

```
请求方式 POST 请求体内容:age=18&name=%E6%9E%AB%E6%9E%AB
```

## 3. json 请求

直接使用 bytes.NewReader()函数将 JSON 数据构造为 reader 对象即可,代码如下:

```go
//unit16/http/15.请求方式-json.go
package main

import (
    "bytes"
    "encoding/json"
    "fmt"
    "net/http"
)

func main() {
    type Info struct {
        Name string `json:"name"`
        Age int `json:"age"`
        Likes []string `json:"likes"`
    }
    var info = Info{
        Name: "枫枫",
        Age: 21,
```

```
            Likes: []string{"唱歌", "篮球"},
    }

    byteData, _ := json.Marshal(info)

    response, err := http.Post("http://127.0.0.1:8080", "application/json", bytes.
NewReader(byteData))
    fmt.Println(response, err)
}
```

服务器端接收的数据如下：

请求方式 POST 请求体内容:{"name":"枫枫","age":21,"likes":["唱歌","篮球"]}

## 16.2　HTTP 协议

HTTP 超文本传输协议(HTTP-Hypertext Transfer Protocol)是一个属于应用层的面向对象的协议,由于其简捷、快速的方式,适用于分布式超媒体信息系统。它于 1990 年提出,经过几十年的使用与发展,不断地得到完善和扩展。它是一种详细规定了浏览器和万维网服务器之间互相通信的规则,通过因特网传送万维网文档的数据传送协议。

客户端与服务器端通信时传输的内容称为报文,HTTP 就是一个通信规则,这个规则规定了客户端发送给服务器端的报文格式,也规定了服务器端发送给客户端的报文格式。客户端发送给服务器端的内容称为请求报文,服务器端发送给客户端的内容称为响应报文。

### 16.2.1　HTTP 协议的发展历程

超文本传输协议的前身是世外桃源(Xanadu)项目,超文本的概念是泰德·纳尔森(Ted Nelson)在 20 世纪 60 年代提出的。进入哈佛大学后,纳尔森一直致力于超文本协议和该项目的研究,但他从未公开发表过资料。1989 年,蒂姆·伯纳斯·李(Tim Berners Lee)在 CERN(欧洲原子核研究委员会)担任软件咨询师时,开发了一套程序,奠定了万维网(World Wide Web,WWW)的基础。1990 年 12 月,超文本在 CERN 首次上线。1991 年夏天,继 Telnet 等协议之后,超文本传输协议成为互联网诸多协议的一分子。

当时,Telnet 协议解决了一台计算机和另外一台计算机之间一对一的控制型通信的要求。邮件协议解决了一个发件人向少量人员发送信息的通信要求。文件传输协议解决一台计算机从另外一台计算机批量获取文件的通信要求,但是它不具备一边获取文件一边显示文件或对文件进行某种处理的功能。新闻传输协议解决了一对多新闻广播的通信要求,而超文本要解决的通信要求是,在一台计算机上获取并显示存放在多台计算机里的文本、数据、图片和其他类型的文件。它包含两大部分,即超文本传输协议和超文本标记语言(HTML)。HTTP、HTML 及浏览器的诞生使互联网的普及成为可能。

## 16.2.2 HTTP 协议会话方式

浏览器与 Web 服务器的连接过程是短暂的,每次连接只处理一个请求和响应。对每个页面的访问,浏览器与 Web 服务器都要建立一次单独的连接,如图 16-4 所示。

图 16-4 HTTP 协议会话过程

## 16.2.3 请求报文

一个 HTTP 请求报文由请求行(Request Line)、请求头部(Header)、空行和请求体 4 部分组成,如图 16-5 所示。

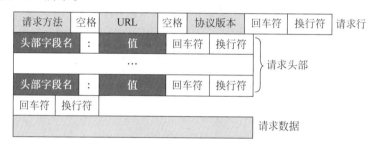

图 16-5 请求报文

### 1. 请求行

请求行由请求方法字段、UR 字段和 HTTP 协议版本字段 3 个字段组成,它们用空格分隔,例如,GET /index.html HTTP/1.1。

HTTP 协议的请求方法有 GET、POST、HEAD、PUT、DELETE、OPTIONS、TRACE、CONNECT。常见的方法有以下几种。

1) GET 请求

GET 请求是最常见的一种请求方式,当客户端要从服务器中读取文档时,当单击网页上的链接或者通过在浏览器的网址栏输入网址来浏览网页时,使用的都是 GET 方式。GET 方法要求服务器将 URL 定位的资源放在响应报文的数据部分,回送给客户端。使用 GET 方法时,请求参数和对应的值附加在 URL 后面,利用一个问号"?"代表 URL 的结尾与请求参数的开始,多个数据之间用"&"符号隔开。显然,这种方式不适合传送私密数据。另外,由于不同的浏览器对地址的字符限制也有所不同,一般只能识别 1024 个字符,所以如果需要传送大量数据,则不适合使用 GET 方式。

2) POST 请求

对于上面提到的不适合使用 GET 方式的情况,可以考虑使用 POST 方式,因为使用 POST 方法可以允许客户端给服务器提供较多信息。POST 方法将请求参数封装在 HTTP 请求数据中,以名称/值的形式出现,可以传输大量数据,这样 POST 方式对传送的数据大小没有限制,而且也不会显示在 URL 中。

**2. 请求头部**

请求头部由关键字/值对组成,每行一对,关键字和值用英文冒号“:”分隔。请求头部通知服务器有关于客户端请求的信息,典型的请求头如下。

(1) User-Agent:产生请求的浏览器类型。

(2) Accept:客户端可识别的内容类型列表。

(3) Host:请求的主机名,允许多个域名同处一个 IP 地址,即虚拟主机。

**3. 空行**

如果遇到空行,则表示 Header(报头)部分结束,同时也是 Body(正文)部分开始。

HTTP 在传输层依赖 TCP 协议,TCP 是面向字节流的,如果没有这个空行,就会出现“粘包问题”,空行就可以解决上述问题。

**4. 请求体**

空行后面的内容都是 Body,Body 允许为空字符串。

如果 Body 存在,则在 Header 中会有一个 Content-Length 属性来标识 Body 的长度;Content-Type 表示请求的 Body 中的数据格式。

## 16.2.4　响应报文

HTTP 响应也由 4 部分组成,分别是状态行、响应头部、空行、响应体,如图 16-6 所示。

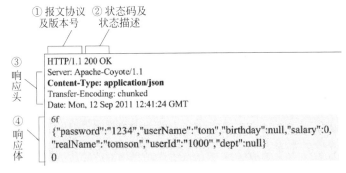

图 16-6　响应报文

**1. 状态码及状态描述**

状态码表示访问一个页面的结果(是访问成功,访问失败,还是其他的一些情况)。

以下为常见的状态码：

1）200 OK

"200"表示访问服务器成功，这是一个最常见的状态码。

2）404 Not Found

"404"表示请求访问的资源在服务器上不存在。

3）403 Forbidden

"403"表示访问被拒绝，当前主机没有权限。

有的页面通常需要用户具有一定的权限才能访问（例如登录后才能访问），如果用户没有登录而直接访问，就容易见到 403。

4）405 Method Not Allowed

"405"表示访问的服务器不支持当前请求所用的方法。

HTTP 中所支持的方法有 GET、POST、PUT、DELETE 等，但是对方的服务器不一定支持所有的方法（或者不允许用户使用一些其他的方法）。

5）500 Internal Server Error

"500"表示访问的服务器出现内部错误，一般是服务器的代码在执行过程中遇到了一些特殊情况（服务器异常崩溃）会产生这种状态码。

6）504 Gateway Timeout

"504"表示访问的服务器负载比较大，可能会导致出现超时的情况。

当服务器负载比较大时，服务器处理单条请求时消耗的时间就会很长，就可能会导致出现超时的情况。

7）302 Move Temporarily

"302"表示访问的服务器临时重定向，临时需要跳转到其他页面。

8）301 Moved Permanently

"301"表示访问的服务器永久重定向，永久性地跳转到其他页面。

## 2. 版本号

版本号表示本次 HTTP 协议的响应使用的是 HTTP 协议的具体哪个版本。与请求报文相对应，否则会出现通信错误。如 HTTP1.0、HTTP1.1 和 HTTP2.0。

## 3. 响应头

响应的属性，Header 的整体格式也是"键-值对"结构。每个键-值对占一行，键和值之间使用冒号分隔。

响应报头的基本格式和请求报头的格式基本一致，类似于 Content-Type、Content-Length 等属性的含义也和请求中的含义一致。

## 4. 空行

如果遇到空行，则表示 Header（报头）部分结束，同时也是 Body（正文）部分开始。

### 5. 响应体

空行后面的内容都是 Body, Body 允许为空字符串, 正文的具体格式取决于 Content-Type。

## 16.3　TCP 编程

传输控制协议(Transmission Control Protocol, TCP)是一种面向连接的、可靠的、基于字节流的网络传输协议。它是互联网协议套件(TCP/IP)中的核心协议之一, 用于在计算机网络中可靠地传输数据。

TCP 在应用层和传输层之间起到重要的桥梁作用, 它为应用程序提供了一种可靠的、面向连接的数据传输方式。许多常见的应用层协议(如 HTTP、FTP、SMTP 等)会基于 TCP 来进行数据传输。

## 16.3.1　标准收发模式

在 Go 语言中, 使用 net 包即可完成 TCP 服务器端与 TCP 客户端的编写, TCP 服务器端的代码如下:

```go
//unit16/tcp/1.服务器端.go
package main

import (
    "fmt"
    "net"
)

func main() {
    listener, err := net.Listen("tcp", ":8080")
    if err != nil {
        fmt.Println(err)
        return
    }
    fmt.Printf("TCP 服务器端运行在 %s\n", "127.0.0.1:8080")
    for {
        conn, err := listener.Accept()
        if err != nil {
            fmt.Println(err)
            break
        }

        //收数据
        go func() {
            buf := make([]byte, 1024)
```

```
                            n, err := conn.Read(buf)
                            if err != nil {
                                    fmt.Println(err)
                                    return
                            }
                            fmt.Printf("收到客户端%s的数据:%s\n", conn.RemoteAddr(), string
(buf[:n]))
                    }()

                    //发数据
                    conn.Write([]byte("Hello Client!"))
                    conn.Close()
            }
    }
```

使用 net.Listen 函数在 8080 端口上创建监听,当有客户端连接时会触发 Accept()方法得到连接对象,基于此连接对象,可以发送消息和接收消息,发完消息之后关闭连接对象,重新等待客户端连接。

TCP 客户端的代码如下:

```
//unit16/tcp/11.客户端.go
package main

import (
    "fmt"
    "io"
    "net"
)

func main() {
    conn, err := net.Dial("tcp", "127.0.0.1:8080")
    if err != nil {
            fmt.Println(err)
            return
    }
    //发消息
    conn.Write([]byte("hello server"))
    //收消息
    byteData, _ := io.ReadAll(conn)
    fmt.Println(string(byteData))
    conn.Close()
}
```

使用 net.Dial()函数向 TCP 服务器端建立 TCP 连接,连接成功后会得到连接对象,基于此连接对象可以发送消息和接收消息,发送消息之后,使用 io.ReadAll()函数读取此连接对象的全部消息,最后关闭连接对象。

**注意**：TCP 服务器端和 TCP 客户端需要逻辑同步,运行时需要先运行 TCP 服务器端程序,再运行 TCP 客户端程序。

## 16.3.2 聊天收发模式

实现类似聊天软件中的聊天功能,客户端可以在控制台中输入消息并发送给服务器端,服务器端也能在控制台中输入消息并发送给客户端,收发消息互不干扰,TCP 服务器端的代码如下:

```go
//unit16/tcp/2.聊天服务器端.go
package main

import (
    "fmt"
    "io"
    "net"
)

func main() {
    listener, err : = net.Listen("tcp", ":8080")
    if err != nil {
        fmt.Println(err)
        return
    }
    fmt.Printf("TCP 服务器端运行在 %s\n", "127.0.0.1:8080")
    for {
        conn, err : = listener.Accept()
        if err != nil {
            fmt.Println(err)
            break
        }

        //接收消息
        go read(conn)
        //发送消息
        write(conn)
        conn.Close()
    }
}

func read(conn net.Conn) {
    for {
        var buf = make([]byte, 1024)
        n, err : = conn.Read(buf)
        if err != nil {
            fmt.Println(err)
```

```
                            return
                    }
                    //客户端退出
                    if err == io.EOF {
                            break
                    }

                    fmt.Println("rev:", string(buf[0:n]))
            }
    }

    func write(conn net.Conn) {
        for {
                    var msg string
                    _, err := fmt.Scanln(&msg)
                    if err != nil {
                            break
                    }

                    _, err = conn.Write([]byte(msg))
                    if err != nil {
                            break
                    }
                    if msg == "exit" {
                            break
                    }
            }
    }
```

在 TCP 服务器端中,单独把收发消息功能封装为了两个函数,一个函数负责接收消息,另一个函数负责从控制台中接收内容,然后发送消息。

TCP 客户端的代码如下:

```
//unit16/tcp/12.聊天客户端.go
package main

import (
    "fmt"
    "io"
    "net"
)

func main() {
    conn, err := net.Dial("tcp", "127.0.0.1:8080")
    if err != nil {
            fmt.Println(err)
            return
    }
    //收消息
```

```go
    go read(conn)
    //发消息
    write(conn)
}

func read(conn net.Conn) {
    for {
        var buf = make([]byte, 1024)
        n, err := conn.Read(buf)
        //客户端退出
        if err == io.EOF {
            break
        }
        fmt.Println("rev:", string(buf[0:n]))
    }
}

func write(conn net.Conn) {
    for {
        var msg string
        _, err := fmt.Scanln(&msg)
        if err != nil {
            break
        }

        _, err = conn.Write([]byte(msg))
        if err != nil {
            break
        }
        if msg == "exit" {
            break
        }
    }
}
```

# 16.4　TCP 协议

TCP/IP 协议包含了一系列协议,也叫 TCP/IP 协议簇(TCP/IP Protocol Suite,或 TCP/IP Protocols),简称 TCP/IP。TCP/IP 协议簇提供了点对点的连接机制,并且将传输数据帧的封装、寻址、传输、路由及接收方式都予以标准化。

在展开介绍 TCP/IP 协议之前,首先介绍七层 ISO 模型。国际标准化组织(ISO)为了使网络应用更为普及,推出了 OSI 参考模型,即开放式系统互联(Open System Interconnect)模型,一般叫作 OSI 参考模型。OSI 参考模型是 ISO 在 1985 年发布的网络互联模型,其含义就是为所有公司使用一个统一的规范来控制网络,这样所有公司遵循相同的通信规范,网络就能互联互通了。

### 16.4.1　OSI 七层模型

OSI 模型定义了网络互联的七层框架（物理层、数据链路层、网络层、传输层、会话层、表示层、应用层），每层实现各自的功能和协议，并完成与相邻层的接口通信。OSI 七层模型如图 16-7 所示。

| 应用层 | 实现具体的应用功能 |
| --- | --- |
| 表示层 | 数据格式与表达、加密、压缩 |
| 会话层 | 建立、管理和终止会话 |
| 传输层 | 端到端的连接 |
| 网络层 | 分组传输和路由选择 |
| 数据链路层 | 传输以帧为单位的信息 |
| 物理层 | 二进制传输 |

**图 16-7　OSI 七层模型**

TCP/IP 协议是 Internet 互联网最基本的协议，其在一定程度上参考了七层 ISO 模型。OSI 模型共有七层，从下到上分别是物理层、数据链路层、网络层、传输层、会话层、表示层和应用层，但是这显然有些复杂，所以在 TCP/IP 协议中，七层被简化为 4 个层次。TCP/IP 模型中的各种协议，依其功能不同，被分别归属到这四层之中，常被视为简化过后的七层 OSI 模型，如图 16-8 所示。

| 7 | 应用层 | 应用层<br>HTTP/FTP/SMTP/Telnet |
| --- | --- | --- |
| 6 | 表示层 | |
| 5 | 会话层 | |
| 4 | 传输层 | 传输层<br>TCP/UDP |
| 3 | 网络层 | 网络层<br>ICMP、IP、IGMP |
| 2 | 数据链路层 | 链路层<br>ARP、RARP |
| 1 | 物理层 | |

**图 16-8　TCP/IP 四层模型**

TCP/IP 协议的应用层的主要协议有 HTTP、Telnet、FTP、SMTP 等,用来读取来自传输层的数据或者将数据写入传输层;传输层的主要协议有 UDP、TCP,实现端对端的数据传输;网络层的主要协议有 ICMP、IP、IGMP,主要负责网络中数据包的传送等;链路层有时也称作数据链路层或网络接口层,主要协议有 ARP、RARP,通常包括操作系统中的设备驱动程序和计算机中对应的网络接口卡,它们一起处理与传输媒介(如电缆或其他物理设备)的物理接口细节。

## 16.4.2 TCP 报文

在 TCP/IP 协议栈中,IP 协议层只关心如何使数据能够跨越本地网络边界的问题,而不关心数据如何传输。整体 TCP/IP 协议栈共同配合,一起解决数据如何通过许许多多个点对点通路,顺利传输到达目的地。一个点对点通路被称为一"跳"(hop),通过 TCP/IP 协议栈,网络成员能够在许多"跳"的基础上建立相互的数据通路。

传输层 TCP 协议提供了一种面向连接的、可靠的字节流服务,其数据帧格式如图 16-9 所示。

**图 16-9 传输层 TCP 协议的数据帧格式**

一个传输层 TCP 协议的数据帧,大致包含以下字段。

### 1. 源端口号

源端口号表示报文的发送端口,占 16 位。源端口和源 IP 地址组合起来,可以标识报文的发送地址。

### 2. 目的端口号

目的端口号表示报文的接收端口,占 16 位。目的端口和目的 IP 地址相结合,可以标识报文的接收地址。

TCP 协议是基于 IP 协议的基础上传输的,TCP 报文中的源端口号+源 IP,与 TCP 报文中的目的端口号+目的 IP 一起,组合起来唯一性地确定一条 TCP 连接。

### 3. 序号

TCP 传输过程中,在发送端发出的字节流中,传输报文中的数据部分的每字节都有它的编号。序号(Sequence Number)占 32 位,发起方当发送数据时都需要标记序号。

序号的语义与 SYN 控制标志(Control Bits)的值有关。根据控制标志中的 SYN 是否为 1,序号表达不同的含义:

(1) 当 SYN=1 时,当前为连接建立阶段,此时的序号为初始序号 ISN(Initial Sequence Number),通过算法来随机生成序号。

(2) 当 SYN=0 时,在数据传输正式开始时,第 1 个报文的序号为 ISN+1,后面的报文的序号为前一个报文的 SN 值+TCP 报文的净荷字节数(不包含 TCP 头),例如,如果发送端发送的一个 TCP 帧的净荷为 12byte,序号为 5,则发送端接着发送下一个数据包时,序号的值应该设置为 5+12=17。

在数据传输过程中,TCP 协议通过序号对上层提供有序的数据流。发送端可以用序号来跟踪发送的数据量;接收端可以用序号识别出重复接收的 TCP 包,从而丢弃重复包;对于乱序的数据包,接收端也可以依靠序号对其进行排序。

### 4. 确认序号

确认序号(Acknowledgement Number)标识了报文接收端期望接收的字节序列。如果设置了 ACK 控制位,确认序号的值表示一个准备接收的包的序列码,注意,它所指向的是准备接收的包,也就是下一个期望接收的包的序列码。

举个例子,假设发送端(如 Client)将 3 个净荷为 1000byte、起始 SN 序号为 1 的数据包发送给 Server 服务器端,Server 每收到一个包之后,需要回复一个 ACK 响应确认数据包给 Client。ACK 响应数据包的 ACK Number 值,为每个 Client 包的为 SN+包净荷,既表示 Server 已经确认收到的字节数,还表示期望接收的下一个 Client 发送包的 SN 序号,具体的 ACK 值如图 16-10 所示。

在图 16-10 的左边部分,Server 的第 1 个 ACK 包的 ACK Number 值为 1001,是通过 Client 的第 1 个包的 SN+包净荷=1+1000 计算得到的,表示期望第 2 个 Client 包的 SN 序号为 1001;Server 的第 2 个 ACK 包的 ACK Number 值为 2001,为 Client 第 2 个包的 SN+包净荷=2001,表示期望第 3 个 Server 包的 SN 为 2001,以此类推。

如果发生错误,假设 Server 在处理 Client 的第 2 个发送包时出现异常,Server 仍然回复一个 ACK Number 值为 1001 的确认包,则 Client 的第 2 个数据包需要重复发送,具体的 ACK 值如图 16-10 的右边的正常传输部分所示。

只有控制标志的 ACK 标志为 1 时,数据帧中的确认序号 ACK Number 才有效。TCP 协议规定,连接建立后,所有发送的报文的 ACK 必须为 1,也就是建立连接后,所有报文的确认序号有效。如果是 SYN 类型的报文,则其 ACK 标志为 0,故没有确认序号。

### 5. 头部长度

该字段占用 4 位,用来表示 TCP 报文首部的长度,单位是 4 位,其值所表示的并不是字

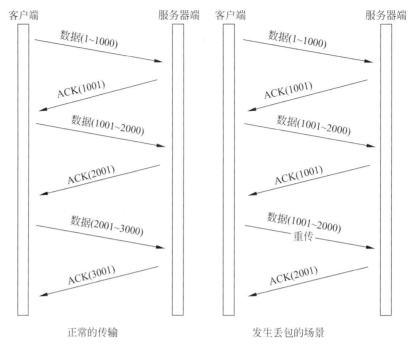

图 16-10　传输过程的确认序号值示意图

节数,而是头部的所含有的 32 位的数目(或者倍数),或者 4 字节的倍数,所以 TCP 头部最多可以有 60 字节(4×15＝60)。没有任何选项字段的 TCP 头部的长度为 20 字节,所以其头部长度为 5,可以通过 20/4＝5 计算得到。

### 6. 保留 6 位

头部长度后面预留的字段长度为 6 位,作为保留字段,暂时没有什么用处。

### 7. 控制标志

控制标志(Control Bits)共 6 个 bit 位,具体的标志位为 URG、ACK、PSH、RST、SYN、FIN。6 个标志位的说明如表 16-1 所示。

表 16-1　TCP 报文控制标志说明

| 标志位 | 说　　明 |
| --- | --- |
| URG | 占 1 位,表示紧急指针字段有效。URG 位指示报文段里的上层实体(数据)标记为"紧急"数据。当 URG＝1 时,其后的紧急指针指示紧急数据在当前数据段中的位置(相对于当前序列号的字节偏移量),TCP 接收方必须通知上层实体 |
| ACK | 占 1 位,置位 ACK＝1 表示确认号字段有效;TCP 协议规定,连接建立后所有发送的报文的 ACK 必须为 1;当 ACK＝0 时,表示该数据段不包含确认信息。当 ACK＝1 时,表示该报文段包括一个对已被成功接收报文段的确认序号 Acknowledgement Number,该序号同时也是下一个报文的预期序号 |
| PSH | 占 1 位,表示当前报文需要请求推(push)操作;当 PSH＝1 时,接收方在收到数据后立即将数据交给上层,而不是直到整个缓冲区满 |

| 标志位 | 说　　　明 |
| --- | --- |
| RST | 占 1 位,置位 RST=1 表示复位 TCP 连接;用于重置一个已经混乱的连接,也可用于拒绝一个无效的数据段或者拒绝一个连接请求。如果数据段被设置了 RST 位,则说明报文发送方有问题发生 |
| SYN | 占 1 位,在连接建立时用来同步序号。当 SYN=1 而 ACK=0 时,表明这是一个连接请求报文。对方若同意建立连接,则应在响应报文中使 SYN=1 和 ACK=1。综合一下,SYN 置 1 就表示这是一个连接请求或连接接受报文 |
| FIN | 占 1 位,用于在释放 TCP 连接时,标识发送方比特流结束,用来释放一个连接。当 FIN=1 时,表明此报文的发送方的数据已经发送完毕,并要求释放连接 |

在连接建立的 3 次握手过程中,若只是单个 SYN 置位,则表示只是建立连接请求。如果 SYN 和 ACK 同时置位为 1,则表示建立连接之后的响应。

### 8. 窗口大小

长度为 16 位,共 2 字节。此字段用来进行流量控制。流量控制的单位为字节数,这个值是本端期望一次接收的字节数。

### 9. 校验和计算

长度为 16 位,共 2 字节。对整个 TCP 报文段(TCP 头部和 TCP 数据)进行校验和计算,接收端用于对收到的数据包进行验证。

### 10. 紧急指针

长度为 16 位,2 字节。它是一个偏移量,和 SN 序号值相加表示紧急数据最后一字节的序号。

### 11. 可选项和填充部分

可选项和填充部分的长度为 $4n$ 字节($n$ 是整数),该部分是根据需要而增加的选项。如果不足 $4n$ 字节,则要加填充位,使选项长度为 32 位(4 字节)的整数倍,具体的做法是在这个字段中加入额外的零,以确保 TCP 头是 32 位(4 字节)的整数倍。

最常见的选项字段是 MSS(Maximum Segment Size,最长报文大小),每个连接方通常在通信的第 1 个报文段(SYN 标志为 1 的那个段)中指明这个选项字段,表示当前连接方所能接受的最大报文段的长度。

由于可选项和填充部分不是必需的,所以 TCP 报文首部最小长度为 20 字节。

## 16.4.3　三次握手

TCP 连接在建立时,为了保证连接的可靠性,双方需要经过三次握手,具体过程如下。

(1) 第 1 次握手:Client 进入 SYN_SENT 状态,发送一个 SYN 帧来主动打开传输通道,该帧的 SYN 标志位被设置为 1,同时会带上 Client 分配好的 SN 序列号,该 SN 是根据时间产生的一个随机值,通常情况下每间隔 4ms 会加 1。除此之外,SYN 帧还会带一个

MSS(最大报文段长度)可选项的值,表示客户端发送出去的最大数据块的长度。

（2）第2次握手：Server端在收到SYN帧之后会进入SYN_RCVD状态,同时将SYN＋ACK帧返回给Client,主要目的在于通知Client,Server端已经收到SYN消息,现在需要进行确认。Server端发出的SYN＋ACK帧的ACK标志位被设置为1,其确认序号AN(Acknowledgement Number)值被设置为Client的SN＋1；SYN＋ACK帧的SYN标志位被设置为1,SN值为Server端生成的SN序号；SYN＋ACK帧的MSS表示的是Server端的最大数据块长度。

（3）第3次握手：Client在收到Server的第2次握手SYN＋ACK确认帧之后,首先将自己的状态会从SYN_SENT变成ESTABLISHED,表示自己方向的连接通道已经建立成功,Client可以将数据发送给Server端了,然后Client将ACK帧发送给Server端,该ACK帧的ACK标志位被设置为1,其确认序号AN值被设置为Server端的SN序列号＋1。还有一种情况,Client可能会将ACK帧和第1帧要发送的数据合并到一起后发送给Server端。

（4）Server端在收到Client的ACK帧之后会从SYN_RCVD状态进入ESTABLISHED状态,至此,Server方向的通道连接建立成功,Server可以将数据发送给Client,TCP的全双工连接建立完成。

三次握手过程如图16-11所示。

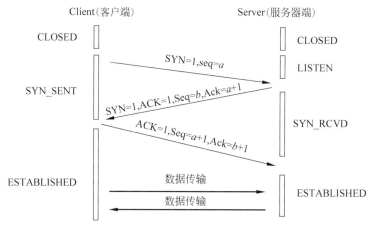

**图16-11　TCP建立连接时三次握手过程**

Client和Server完成了3次握手后,双方就进入了数据传输阶段。数据传输完成后,连接将断开,连接断开的过程需要经历四次挥手。

## 16.4.4　四次挥手

业务数据通信完成之后,TCP连接开始断开的过程,在这个过程中连接的每个端都能独立地主动发起,断开的过程TCP协议使用了4次挥手操作,具体过程如下。

（1）第1次挥手：主动断开方(可以是客户端,也可以是服务器端),向对方发送一个

FIN 结束请求报文,此报文的 FIN 位被设置为 1,并且正确设置 Sequence Number(序列号)和 Acknowledgement Number(确认号)。发送完成后,主动断开方进入 FIN_WAIT_1 状态,这表示主动断开方没有业务数据要发送给对方,准备关闭 SOCKET 连接了。

(2) 第 2 次挥手:正常情况下,在收到了主动断开方发送的 FIN 断开请求报文后,被动断开方会发送一个 ACK 响应报文,报文的 Acknowledgement Number(确认号)值为断开请求报文的 Sequence Number(序列号)加 1,该 ACK 确认报文的含义是:"我同意你的连接断开请求"。之后,被动断开方就进入了 CLOSE-WAIT(关闭等待)状态,TCP 协议服务会通知高层的应用进程,对方向本地方向的连接已经关闭,对方已经没有数据要发送了,若本地还要将数据发送给对方,则对方依然会接受。被动断开方的 CLOSE-WAIT(关闭等待)还要持续一段时间,也就是整个 CLOSE-WAIT 状态持续的时间。

主动断开方在收到了 ACK 报文后,由 FIN_WAIT_1 转换成 FIN_WAIT_2 状态。

(3) 第 3 次挥手:在发送完成 ACK 报文后,被动断开方还可以继续完成业务数据的发送,待剩余数据发送完成后,或者 CLOSE-WAIT(关闭等待)截止后,被动断开方会向主动断开方发送一个 FIN＋ACK 结束响应报文,表示被动断开方的数据都发送完了,然后被动断开方进入 LAST_ACK 状态。

(4) 第 4 次挥手:主动断开方在收到 FIN＋ACK 断开响应报文后,还需要进行最后的确认,向被动断开方发送一个 ACK 确认报文,然后自己就进入 TIME_WAIT 状态,等待超时后最终关闭连接。处于 TIME_WAIT 状态的主动断开方,在等待完成 2×MSL 的时间后,如果期间没有收到其他报文,则证明对方已正常关闭,主动断开方的连接最终关闭。

被动断开方在收到主动断开方的最后的 ACK 报文以后,最终关闭了连接。

四次挥手过程如图 16-12 所示。

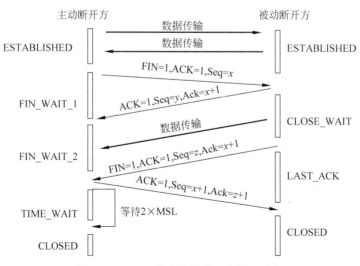

**图 16-12　TCP 建立连接时四次挥手过程**

## 16.5  UDP 编程

UDP(User Datagram Protocol)的中文名称是用户数据报协议,是 OSI 参考模型中的一种无连接的传输层协议,不需要建立连接就能直接进行数据发送和接收,属于不可靠的、没有时序的通信,但是 UDP 协议的实时性比较好,通常用于视频直播相关领域。

### 16.5.1  UDP 优势

UDP 以其独特的优势在多种应用场景中发挥着重要作用。这些优势构成了 UDP 在现代网络通信中不可或缺的地位。

(1) 快速性:UDP 的无连接特性使其在数据传输上非常迅速。它避免了 TCP 中建立和维护连接所需的时间消耗,从而在需要快速响应的应用中表现出色。

(2) 简洁性:UDP 的设计简洁,没有复杂的控制机制,如 TCP 中的流量控制和拥塞控制。这种简洁性不仅降低了实现的复杂度,还提高了协议的执行效率。

(3) 低延迟:由于 UDP 省去了 TCP 中的许多控制流程,如三次握手和数据确认,因此它的传输延迟非常低,这对于需要实时或近实时通信的应用至关重要。

(4) 灵活性:UDP 支持多种通信模式,包括一对一、一对多、多对一和多对多,这为不同的网络应用提供了极大的灵活性。

(5) 报文完整性:UDP 在传输过程中不会对数据报文进行拆分或重组,确保了数据的完整性和一致性,这对于某些对数据完整性有严格要求的应用非常重要。

(6) 资源占用少:UDP 由于缺少 TCP 中的许多控制机制,因此在系统资源的占用上更为经济,这对于资源受限的环境或大规模部署的系统尤为重要。

(7) 适用性广泛:UDP 适用于多种网络应用,特别是那些对实时性要求高、可以容忍一定数据丢失的应用,如在线游戏、视频会议、流媒体传输等。

(8) 安全性:虽然 UDP 本身不提供加密或认证机制,但其无状态的特性减少了被恶意利用的风险,相对于 TCP 来讲,可能更难以遭受某些类型的网络攻击。

(9) 开销小:UDP 的数据报头部较小,只有 8 字节,相比于 TCP 的 20 字节,这大大地减少了每个数据报的开销,提高了数据传输的效率。

(10) 易于实现:UDP 的实现相对简单,对于开发者而言,这意味着可以更快地开发和部署基于 UDP 的网络应用。

### 16.5.2  UDP 服务器端

在 Go 语言中,可以使用 net 包中的 UDPConn 结构体和相关函数来创建和操作 UDP 连接,代码如下:

```
//unit16/udp/1.udp 服务器端.go
package main

import (
    "fmt"
    "net"
)

func main() {
    //创建 UDP 监听
    conn, err := net.ListenUDP("udp", &net.UDPAddr{
            IP: net.ParseIP("127.0.0.1"),
            Port: 8080,
    })
    if err != nil {
            fmt.Println("listen failed, err:", err)
            return
    }
    fmt.Println("UDP 服务器端运行在 127.0.0.1:8080")
    defer conn.Close()
    for {
            var data [1024]byte
            n, addr, err := conn.ReadFromUDP(data[:])        //接收数据
            if err != nil {
                    fmt.Println("read udp failed, err:", err)
                    continue
            }
            fmt.Printf("data: %v addr: %v count: %v\n", string(data[:n]), addr, n)
            _, err = conn.WriteToUDP(data[:n], addr)         //发送数据
            if err != nil {
                    fmt.Println("write to udp failed, err:", err)
                    continue
            }
    }
}
```

可以发现,UDP 监听端口之后,就直接进入收发消息阶段,没有建立连接的过程,所以 UDP 是不可靠的。

## 16.5.3　UDP 客户端

使用 net.DialUDP()函数创建 UDP 连接对象,基于此对象可以收发消息,代码如下:

```
//unit16/udp/2.udp 客户端.go
package main

import (
    "fmt"
```

```
        "net"
)

func main() {
    conn, err := net.DialUDP("udp", nil, &net.UDPAddr{
            IP: net.ParseIP("127.0.0.1"),
            Port: 8080,
    })
    if err != nil {
            fmt.Println("连接服务器端失败,err:", err)
            return
    }
    defer conn.Close()
    sendData := []byte("Hello server")
    _, err = conn.Write(sendData)                       //发送数据
    if err != nil {
            fmt.Println("发送数据失败,err:", err)
            return
    }
    data := make([]byte, 4096)
    n, remoteAddr, err := conn.ReadFromUDP(data)         //接收数据
    if err != nil {
            fmt.Println("接收数据失败,err:", err)
            return
    }
    fmt.Printf("recv: %v addr: %v count: %v\n", string(data[:n]), remoteAddr, n)
}
```

**注意**: UDP 收发消息是不可靠的,例如将端口号修改之后,net.DialUDP( )函数不会返回错误,conn.Write( )方法也不会返回错误,程序会在 conn.ReadFromUDP( )方法处阻塞。

## 16.5.4 UDP 应用场景

虽然 UDP 是不可靠的,但是在某些场景下具有明显优势。

### 1. 实时通信

UDP 在实时通信领域具有显著优势,特别是在语音和视频通话中。这些应用要求低延迟和连续传输,而对偶尔的数据丢失不太敏感。UDP 能够提供较低的延迟,使语音和视频通话更加流畅。

### 2. 广播

在需要向多个客户端发送相同数据的场景中,UDP 的广播和多播能力非常有用,例如,在一个局域网中同时发送视频流或状态更新,UDP 能够有效地减少网络开销。

### 3. 简单查询和响应

DNS(域名系统)查询是 UDP 的经典应用场景之一。DNS 查询通常是简单的请求-响应模式,数据量小且对延迟敏感。UDP 能够快速地处理这些查询,提供更高的响应速度。

NTP 用于网络时间同步,通过 UDP 传输时间信息。NTP 要求低延迟,以确保时间同步的准确性。UDP 的低延迟特性使其成为 NTP 的首选协议。

### 4. 流媒体传输

在视频流媒体传输中,UDP 比 TCP 更具优势。流媒体传输要求数据能够连续流动,以保证视频的播放效果。UDP 能够提供更稳定的传输,不受 TCP 连接建立和重传机制的影响。

### 5. 轻量级通信

对于简单的传感器数据传输,UDP 的轻量级特性使其非常适合。传感器设备通常资源有限,UDP 能够减少资源消耗,提高数据传输效率。

一些应用层协议(如 TFTP,简单文件传输协议)使用 UDP 进行数据传输,以实现简单高效的文件传输。

# 第 17 章

CHAPTER 17

# 部　　署

Go 语言是一种静态类型、编译型语言，其编译后的程序是静态链接的，无须依赖外部的动态链接库。这意味着 Go 程序在编译完成后，可以生成一个独立的可执行文件，无须额外的运行环境或依赖项。这一特性使 Go 语言在项目部署中具有天然优势。

## 17.1 打包命令

使用 go build 命令，可以对当前目录下的 main 包进行打包，打包之后的文件名为目录名，如图 17-1 所示。

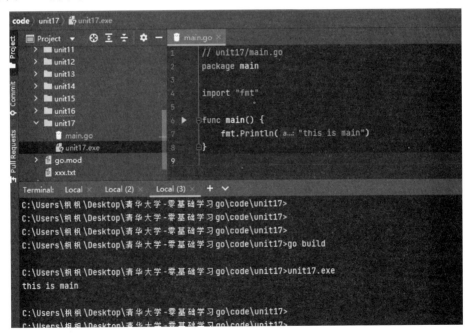

图 17-1　go build 打包

如果一个目录下有多个 main 包,则需要指定打包文件,打包之后的文件名为 Go 的文件名加上对应平台的扩展名,如图 17-2 所示。

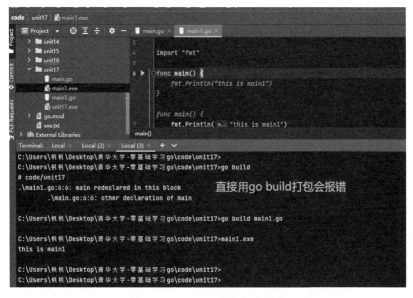

**图 17-2 go build 指定打包文件**

如果需要修改打包之后的文件名,则可使用-o 参数,如图 17-3 所示。

**图 17-3 go build -o 命令打包**

## 17.2 交叉编译

什么是交叉编译呢?就是在 Windows 系统上开发的程序,可以直接编译为 Linux、macOS 等平台上的可执行程序,对应平台不需要安装 Go 环境即可运行可执行文件。

首先需要禁用CGO(在交叉编译中不能使用CGO),然后指定目标平台,最后指定处理器的类型。

大部分的开发场景是在 Windows 系统上开发,最后打包到 Linux 环境进行部署运行,为了方便可以在对应的文件同目录下编写 bat 批量执行脚本,代码如下:

```
set GOOS = linux
set GOARCH = amd64
set CGO_ENABLED = 0
go build − o main main.go
set GOOS = windows
```

(1) CGO_ENABLED:CGO 表示 Go 中的工具,CGO_ENABLED=0 表示 CGO 禁用,交叉编译中不能使用 CGO。

(2) GOOS:环境变量用于指定目标操作系统,mac 对应 darwin,linux 对应 Linux 操作系统,windows 对应 Windows 操作系统,还有其他的 freebsd、android 等。

(3) GOARCH:环境变量用于指定处理器的类型,386 也称 x86 对应 32 位操作系统、amd64 也称 x64 对应 64 位操作系统,arm 这种架构一般用于嵌入式开发,例如 Android、iOS、Windows Mobile 等。

最后 go build 完成之后再将 GOOS 设置回 windows,方便后续在 Windows 系统中进行使用。

交叉编译操作过程如图 17-4 所示。

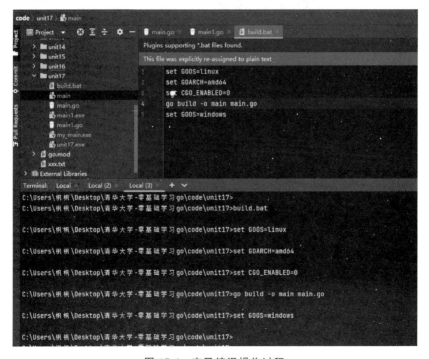

图 17-4　交叉编译操作过程

## 17.3 文件嵌入

在部署时,针对 Go 的程序可以直接打包进可执行文件中,但是对应程序需要的静态文件则不会被打包进可执行文件中,代码如下:

```go
//unit17/embed/main.go
package main

import (
    "fmt"
    "os"
)

func main() {
    byteData, err := os.ReadFile("file.json")
    if err != nil {
        fmt.Println(err)
        return
    }
    fmt.Println(string(byteData))
}
```

在 unit17\embed 目录下执行 go run main.go 可以直接读取文件并打印文件内容,但是打包之后,如果将可执行文件放入其他目录执行,则会显示文件不存在,如图 17-5 所示。

图 17-5 文件不存在错误

从 Go 1.16 版本开始,Go 语言内置了一个新的特性——embed,它可以方便地将文件资源嵌入 Go 二进制文件中,从而方便在程序中直接使用这些资源。

## 17.3.1　嵌入单个文件

使用 embed 指令将单个文件嵌入程序中,代码如下:

```go
//unit17/embed/1.嵌入单个文件.go
package main

import (
    _ "embed"
    "fmt"
)

//go:embed file.json
var fileData string

func main() {
    fmt.Println(fileData)
}
```

打包之后,将可执行文件放入任何目录运行都可以打印出文件中的内容,如图 17-6 所示。

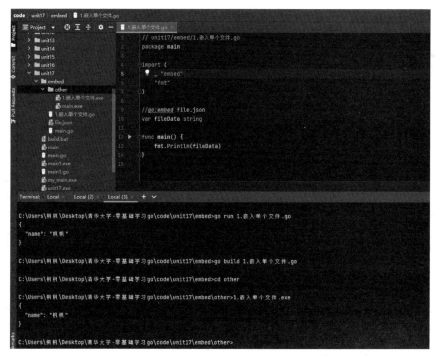

图 17-6　embed 嵌入单个文件

## 17.3.2 嵌入多个文件

将变量的类型更改为 embed.FS,表示嵌入的是文件系统,代码如下:

```go
//unit17/embed/2.嵌入多个文件.go
package main

import (
    "embed"
    "fmt"
)

//go:embed file.json main.go
var fs embed.FS

func main() {
    byteData, err := fs.ReadFile("file.json")
    fmt.Println(string(byteData), err)

    byteData, err = fs.ReadFile("main.go")
    fmt.Println(string(byteData), err)

}
```

使用 fs.Open()得到的 fs.File 对象是一个实现了 Closer、ReaderCloser、Reader 接口的结构体,换句话说,fs.File 对象几乎等于一个可读的 os.File 对象,代码如下:

```go
//unit17/embed/4.fs.File.go
package main

import (
    "embed"
    "fmt"
    "io"
)

//go:embed file.json
var fs embed.FS

func main() {
    file, err := fs.Open("file.json")
    if err != nil {
        fmt.Println(err)
        return
    }
    //fs.File 也可以使用 ReadAll 方法读取文件
    byteData, _ := io.ReadAll(file)
    fmt.Println(string(byteData))
}
```

### 17.3.3 嵌入目录

操作同上,使用 embed.FS 可嵌入整个目录,代码如下:

```go
//unit17/embed/3.嵌入目录.go
package main

import (
    "embed"
    "fmt"
)

//go:embed other
var dir embed.FS

func main() {
    dirList, err := dir.ReadDir("other")
    if err != nil {
        fmt.Println(err)
        return
    }
    for _, entry := range dirList {
        fmt.Println(entry.Name())
    }
}
```

# 第 18 章

# 正则表达式

正则表达式是一组由字母和符号组成的特殊文本,它可以用来从文本中找出满足想要的格式的句子,通俗地讲就是按照某种规则去匹配符合条件的字符串。

## 18.1　正则表达式概述

正则表达式(Regular Expression,在代码中常简写为 regex、regexp 或 RE)使用单个字符串来描述、匹配一系列符合某个句法规则的字符串搜索模式。搜索模式可用于文本搜索和文本替换。各种编程语言中都支持正则表达式,Go 语言中使用 regexp 包完成正则表达式的相关操作。

正则表达式的用途有很多,示例如下:

(1) 表单输入验证。

(2) 搜索和替换。

(3) 过滤大量文本文件(如日志)中的信息。

(4) 读取配置文件。

(5) 网页抓取。

(6) 处理具有一致语法的文本文件,例如 CSV。

## 18.2　正则表达式基本语法

正则表达式的核心是正则表达式的语法,它不和具体的编程语言挂钩。为了方便学习正则表达式,可以在浏览器中搜索"regexr 在线",很多网站支持正则表达式的在线编写与匹配,匹配中的内容会高亮显示,如图 18-1 所示。

### 18.2.1　字符集合

如果想匹配 bat、cat 和 fat 这种类型的字符串,则该怎么办? 可以通过字符集合来做到

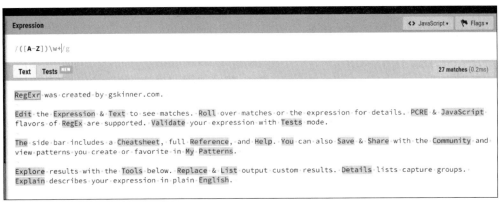

图 18-1　正则表达式匹配效果

这一点,用[]表示,它会匹配包含的任意一个字符,如图 18-2 所示。

当然,中文和数字也是可以匹配的,如图 18-3 所示。

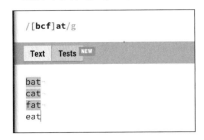

图 18-2　字符集匹配

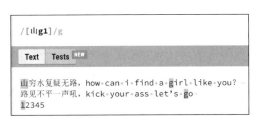

图 18-3　字符集匹配中文和数字

## 18.2.2　字符范围

如果想要在字符串中匹配所有以 at 结尾的单词,则最直接的方式是使用字符集,并在

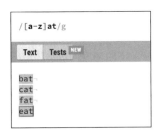

图 18-4　字符范围

其中提供所有的字母。对于这种在一个范围中的字符,就可以直接定义字符范围,用"-"表示。它用来匹配指定范围内的任意字符,如图 18-4 所示。

常见的使用范围的方式如下。

部分范围:[a-f],匹配 a～f 的任意字符。

小写范围:[a-z],匹配 a～z 的任意字符。

大写范围:[A-Z],匹配 A～Z 的任意字符。

数字范围:[0-9],匹配 0～9 的任意字符。

符号范围:[＃$％&.@]。

混合范围:[a-zA-Z0-9],匹配所有数字、大小写字母中的任意字符。

中文范围:[\u4e00-\u9fa5],匹配中文字符。

### 18.2.3 数量字符

如果想要匹配 3 个字母的单词,根据上面学到的字符范围,则可以这样写:

```
[a-z][a-z][a-z]
```

这里有一种更好的方法就是使用花括号"{}"来表示匹配的个数,语法如下:

{*m*,*n*},它会匹配前面一个字符至少 *m* 次至多 *n* 次重复,{*m*}表示匹配 *m* 次,{*m*}表示至少 *m* 次,如图 18-5 所示。

除了可以使用花括号来匹配一定数量的字符,还有以下 3 个相关的模式。

+:匹配前面一个表达式 1 次或者多次,相当于{1,}。

*:匹配前面一个表达式 0 次或者多次,相当于{0,}。

?:单独使用匹配前面一个表达式 0 次或者 1 次,相当于{0,1}。当跟在量词 *、+、?、{}后面时将会使量词变为非贪婪模式(尽量匹配少的字符),默认为使用贪婪模式,如图 18-6 所示。

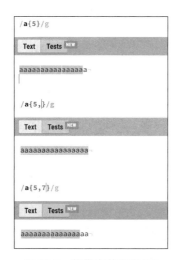

图 18-5 数量字符匹配(1)

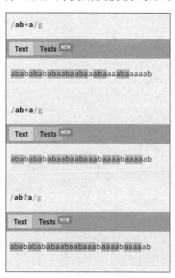

图 18-6 数量字符匹配(2)

使用"?"可将默认的贪婪模式变成非贪婪模式,贪婪模式下会尽可能地匹配多的字符,如图 18-7 所示。

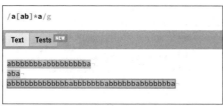

图 18-7 贪婪模式

非贪婪模式下会尽可能地匹配少的字符,如图18-8所示。

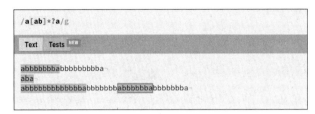

图 18-8　非贪婪模式

## 18.2.4　元字符

使用元字符可以编写更紧凑的正则表达式模式。常见的元字符说明如表18-1所示。

表 18-1　常见的元字符说明

| 元　字　符 | 说　　明 | 元　字　符 | 说　　明 |
|---|---|---|---|
| \d | 匹配数字 | \s | 匹配任意的空白字符 |
| \D | 匹配非数字 | \S | 匹配任意的非空白字符 |
| \w | 匹配数字、字母、下画线 | . | 匹配除换行符之外的任意字符 |
| \W | 匹配非数字、字母、下画线 | | |

元字符的使用如图18-9所示。

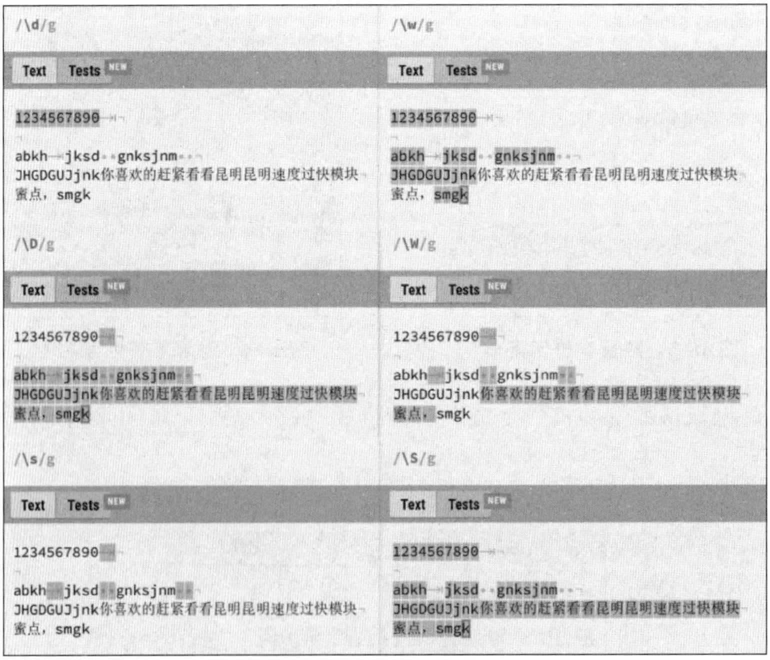

图 18-9　元字符的使用

### 18.2.5 特殊字符

使用特殊字符可以编写更高级的正则表达式,常见的特殊字符说明如表 18-2 所示。

表 18-2 常见的特殊字符说明

| 特殊字符 | 说 明 | 特殊字符 | 说 明 |
|---|---|---|---|
| . | 匹配除了换行符之外的任何单个字符 | \| | 逻辑或操作符 |
| \ | 将特殊字符转义 | [^] | 取非,匹配未包含的任意字符 |

特殊字符的使用如图 18-10 所示。

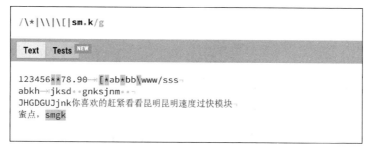

图 18-10 特殊字符的使用

### 18.2.6 位置匹配

如果想匹配字符串中以某些字符结尾的单词,或以某些字符开头的单词该如何实现呢?正则表达式中提供了方法,即通过位置来匹配字符,如表 18-3 所示。

表 18-3 位置匹配字符说明

| 位 置 字 符 | 说 明 |
|---|---|
| \b | 匹配一个单词边界,也就是指单词和空格间的位置 |
| \B | 匹配非单词边界 |
| ^ | 匹配开头,在多行匹配中匹配行开头 |
| $ | 匹配结尾,在多行匹配中匹配行结尾 |

常见的就是匹配单词的开始位置和结束位置,如图 18-11 所示。

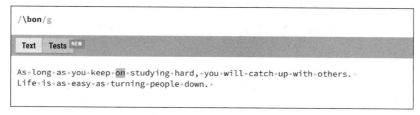

图 18-11 单词边界匹配

使用"^"和"$"匹配行开头和结尾,如图 18-12 所示。

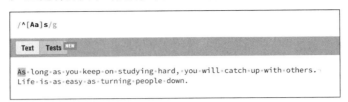

图 18-12　行首行尾匹配

## 18.2.7　分组

如果需要重复单个字符,则可以直接在字符后面加上限定符,例如 a+表示匹配 1 个或一个以上的 a,a?表示匹配 0 个或 1 个 a。

但是如果要对多个字符进行重复,就需要用到分组,例如,(ab){3}表示 ab 字符重复 3次,如图 18-13 所示。

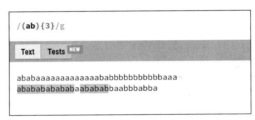

图 18-13　分组匹配

### 1. 捕获分组

正则表达式支持使用 $ 符号,获取分组中的内容,如图 18-14 所示,使用分组匹配提取年份和月份。

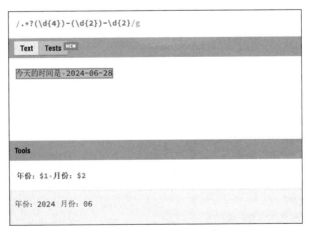

图 18-14　捕获分组

### 2. 无捕获分组

在正则中,分组有重要的作用,但有时并不想要分组,例如,找出字符串中的 IP 地址,如图 18-15 所示。

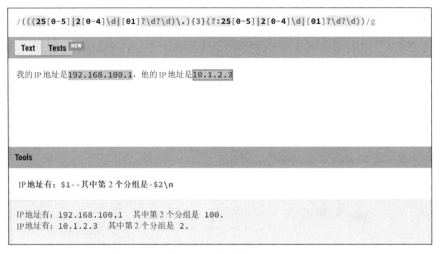

图 18-15　有捕获分组

这时 $2 的内容其实意义不大,如果其他地方也有分组,则很容易造成混乱,所以可以使用"(?:)"开启无捕获分组,如图 18-16 所示。

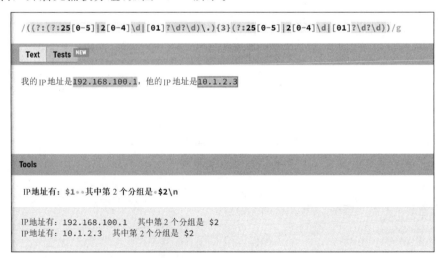

图 18-16　无捕获分组

## 18.2.8　修饰符

正则表达式的修饰符是用来修改和调整正则表达式的特殊字符或元字符。修饰符可以改变正则表达式的行为和匹配方式。一些常见的正则表达式修饰符说明如表 18-4 所示。

表18-4　一些常见的正则表达式修饰符说明

| 修饰符 | 说　明 |
|---|---|
| g | 表示全局匹配,即在整个字符串中搜索所有匹配项,而不仅是第1个匹配项 |
| i | 表示在匹配时忽略大小写 |
| m | 表示多行模式,在这种模式下,正则表达式可以同时匹配每行的内容,而不仅是整个字符串 |
| u | 表示在匹配时进行完全递归,这样可以处理一些较为复杂和嵌套的情况 |
| s | 在默认情况下,".″元字符用于匹配除了换行符之外的任意字符,但是在设置了s修饰符后, ".″元字符也会匹配换行符 |

g修饰符表示全局匹配,如图18-17所示。

i修饰符表示不区分大小写,如图18-18所示。

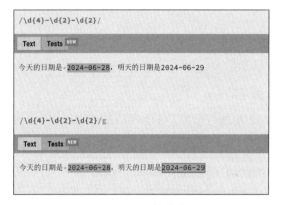

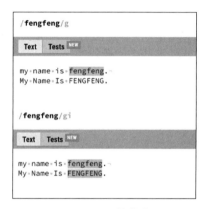

图18-17　g修饰符　　　　　　　　　　图18-18　i修饰符

m修饰符表示多行模式,在这种模式下,正则表达式可以同时匹配每行的内容,如图18-19所示。

s修饰符可以设置元字符".″匹配换行符,如图18-20所示。

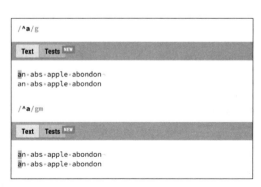

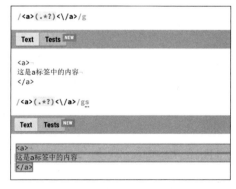

图18-19　m修饰符　　　　　　　　　　图18-20　s修饰符

## 18.3　Go 语言中使用正则表达式

在 Go 语言中,要使用正则表达式进行匹配,首先需要创建一个正则表达式对象。可以使用 regexp. Compile()函数或正则表达式字面量来创建对象,代码如下:

```
//unit18/1.正则表达式.go
package main

import (
    "fmt"
    "regexp"
)

func main() {
    regex : = regexp.MustCompile(`[abc]d`)
    fmt.Println(regex)
    //匹配是否成功
    fmt.Println(regex.MatchString("ad"))          //true
    fmt.Println(regex.MatchString("ac"))          //false

    fmt.Println(regexp.MatchString(`[abc]d`, "ad"))     //true nil
}
```

在上面的示例中,使用 regexp. MustCompile()函数创建了一个正则表达式对象 regex,该函数接受一个字符串参数,表示正则表达式的模式。这个函数会编译正则表达式并返回一个可用于匹配的正则表达式对象。后续的所有操作都使用此对象的方法。

另外,也可以直接使用 regexp 包中匹配字符串的函数,直接将正则表达式作为字符串传递给函数。

在使用 MustCompile()函数传递正则表达式字符串时,有两种传递方式,一种是双引号包裹的字符串,另一种是反引号包裹的字符串,它们的主要区别是在遇到特殊字符时如何处理,代码如下:

```
regexp.MustCompile(`\d + `)              //反引号
regexp.MustCompile("\\d + ")             //双引号
```

### 18.3.1　字符串匹配

使用 Go 语言的 regexp 包,可以对字符串进行正则表达式匹配操作。下面是一些常用的方法。

**1. Match 系列**

Match 系列用于判断此字符串能否被正则表达式匹配成功,代码如下:

```go
//unit18/2.Match系列.go
package main

import (
    "fmt"
    "regexp"
)

func main() {
    re := regexp.MustCompile(`^Hello`)

    var str = "Hello, World!"

    //是否匹配成功
    fmt.Println(re.MatchString(str))
    //也可以传递byte数组
    fmt.Println(re.Match([]byte(str)))
}
```

### 2. Find 系列

Find系列用于获取正则表达式匹配的字符串,代码如下:

```go
//unit18/3.find系列.go
package main

import (
    "fmt"
    "regexp"
)

func main() {
    re := regexp.MustCompile(`Hello`)

    var str = "Hello, World!\nHello, World!"

    //返回正则表达式匹配的内容,只匹配一个
    fmt.Println(re.FindString(str))                    //Hello
    fmt.Println(string(re.Find([]byte(str))))          //Hello

    //返回正则表达式匹配的内容,-1表示匹配全部
    fmt.Println(re.FindAllString(str, -1))             //[Hello Hello]
}
```

## 18.3.2   分组匹配

在正则表达式中,捕获组是用括号括起来的子表达式,允许在匹配中提取特定的子字符串,代码如下:

```
//unit18/4.分组匹配.go
package main

import (
    "fmt"
    "regexp"
)

func main() {
    re := regexp.MustCompile(`.*?(\d{4}-\d{2}-\d{2}).*?(\d{4}-\d{2}-\d{2}).*?`)
    str := `今天的日期是 2024-06-28,明天的日期是 2024-06-29
今天的日期是 2025-01-18,明天的日期是 2025-01-19`

    //只匹配一个
    list := re.FindStringSubmatch(str)
    fmt.Println(list)        //[今天的日期是 2024-06-28,明天的日期是 2024-06-29
                             //2024-06-28 2024-06-29]

    //匹配所有
    allList := re.FindAllStringSubmatch(str, -1)
    fmt.Println(allList)     //[[今天的日期是 2024-06-28,明天的日期是 2024-06-29
                             //2024-06-28 2024-06-29] [今天的日期是 2025-01-18,
                             //明天的日期是 2025-01-19 2025-01-18 2025-01-19]]
}
```

使用 FindStringSubmatch()方法,返回的切片中第 1 个元素是匹配的内容,第 1 个元素之后的元素则是对应分组的内容,此方法只匹配一次,可使用 FindAllStringSubmatch()方法,传递 −1 参数匹配所有。

### 18.3.3 分组替换

在 Go 语言中,可以使用 ReplaceAllString()方法对正则表达式匹配中的内容进行替换,也可以使用 $1 和 $2 进行分组替换,还能使用 ReplaceAllStringFunc()方法单独对每个匹配的内容进行替换,代码如下:

```
//unit18/5.分组替换.go
package main

import (
    "fmt"
    "regexp"
    "strconv"
)

func main() {
    str := `this is xxx or yyy`
    //将字符串中的 xxx 和 yyy 替换成 xy
    re := regexp.MustCompile(`xxx|yyy`)
```

```go
    newStr := re.ReplaceAllString(str, "xy")
    fmt.Println(newStr)                    //this is xy or xy

    tel := `15111112222`
    //将电话号码的中间四位替换成＊号
    re = regexp.MustCompile(`^(1\d{2})(\d{4})(\d{4})$`)
    newTel := re.ReplaceAllString(tel, "$1****$2")
    fmt.Println(newTel)                    //151****1111

    //更为灵活的替换函数
    num := "12 23 45 67"
    //将每个数字＋1
    re = regexp.MustCompile(`\d+`)
    newNum := re.ReplaceAllStringFunc(num, func(s string) string {
        //先转换成数字
        n, _ := strconv.Atoi(s)
        n++
        return strconv.Itoa(n)
    })
    fmt.Println(newNum)                    //13 24 46 68

}
```

### 18.3.4　标志

Go 语言的 regexp 包还提供了一些标志(flags)选项,用于修改正则表达式的行为。这些标志可以通过在正则表达式模式中添加标志参数来设置,代码如下:

```go
//unit18/6.标志.go
package main

import (
    "fmt"
    "regexp"
)

func main() {
    //i 表示不区分大小写
    re := regexp.MustCompile(`(?i)feng`)
    fmt.Println(re.FindAllString("Feng feng", -1))            //[Feng feng]

    //m 表示多行模式
    re = regexp.MustCompile(`(?m)^Hello`)
    fmt.Println(re.FindAllString("Hello\nHello world", -1))   //[Hello Hello]

    //s 表示单行模式
    re = regexp.MustCompile(`(?s)<a>(.*?)</a>`)
```

```
    fmt.Println(re.FindStringSubmatch("<a>\n 这是内容\n</a>")[1])        //这是内容

    //也可以用多个
    re = regexp.MustCompile(`(?is)<A>(.*?)</a>`)
    fmt.Println(re.FindStringSubmatch("<a>\n 这是内容\n</a>")[1])        //这是内容
}
```

## 18.4　常用正则表达式

IPv4 地址如下：

```
((?:(?:25[0-5]|2[0-4]\d|[01]?\d?\d)\.){3}(?:25[0-5]|2[0-4]\d|[01]?\d?\d))
```

互联网协议地址由 4 组十进制数字组成，每组数字的范围为 0～255。为了确保 IP 地址的有效性，每组数字都必须遵守特定的取值规则。IP 地址正则表达式的详细解释如下：

（1）首位数字的限制：当 IP 地址的首位数字为 25 时，意味着第 2 位数字必须为 0～5。这限制了数字的范围为 250～255。

（2）首位数字为 2 的其他情况：如果首位数字是 2，但不是 25，则第 2 位数字可以为 0～4。这限制了数字的范围为 200～249。

（3）首位数字为 1：当首位数字是 1 时，第 2 位和第 3 位数字可以在 0～9 中变化。这限制了数字的范围为 100～199。

（4）首位数字在 1～9：如果首位数字为 1～9，则第 2 位数字同样可以在 0～9 中取值。这限制了数字的范围为 10～99。

（5）一位数字：如果只有一位数字，则数字可以在 0～9 取值，这限制了数字的范围为 0～9。

邮箱如下：

```
\w+([-+.]\w+)*@\w+([-.]\w+)*\.\w+([-.]\w+)*
```

手机号如下：

```
(13[0-9]|14[5|7]|15[0|1|2|3|5|6|7|8|9]|18[0|1|2|3|5|6|7|8|9])\d{8}
```

域名如下：

```
[a-zA-Z0-9][-a-zA-Z0-9]{0,62}(\.[a-zA-Z0-9][-a-zA-Z0-9]{0,62})+\.?
```

URL 如下：

```
https?:\/\/([\w-]+\.)+[\w-]+(\/[\w-./?%&=]*)?
```

# 第 19 章

# 标准库和常用第三方库

在 Go 应用开发中,标准库和第三方库是开发者经常使用的工具。标准库提供了很多常用的函数和数据类型,而第三方库则提供了更多的功能和便利。

## 19.1 Go 标准库

Go 语言标准库(Standard Library)是 Go 语言官方提供的一组功能丰富的包,它们提供了许多常用的功能,如输入/输出、网络通信、加密并发等。标准库中的包都经过良好设计及广泛测试和优化,是编写 Go 程序时的重要资源。

8min

### 19.1.1 时间和日期

在 Go 语言中 time 包提供了时间的显示和测量用的函数。

#### 1. 获取当前时间

使用 time.Now()函数获取当前时间,返回值是 time.Time 时间对象,基于时间对象可以获取年、月、日、时、分、秒,代码如下:

```
//unit19/time/1.获取当前时间.go
package main

import (
    "fmt"
    "time"
)

func main() {
    now : = time.Now()
    fmt.Println(now)
    //年
    fmt.Println(now.Year())
    //月
    fmt.Println(now.Month(), int(now.Month()))
```

```
    //日
    fmt.Println(now.Day())
    //时、分、秒
    fmt.Println(now.Hour(), now.Minute(), now.Second())

    //年、月、日
    fmt.Println(now.Date())
    //周
    fmt.Println(now.Weekday(), int(now.Weekday()))

}
```

## 2. 时间格式化

很多时候,需要"年-月-日 时:分:秒"这种格式的时间,与其他语言相比,Go 语言的时间格式化的字符串不太一样,代码如下:

```
//unit19/time/2.时间格式化.go
package main

import (
    "fmt"
    "time"
)

func main() {
    now := time.Now()
    //年、月、日、时、分、秒
    fmt.Println(now.Format("2006 - 01 - 02 15:04:05"))
    //年、月、日
    fmt.Println(now.Format("2006 - 01 - 02"))
    //时、分、秒
    fmt.Println(now.Format("15:04:05"))
}
```

记忆口诀为"01 月 02 日下午三点 04 分 05 秒在 2006 年"。

## 3. 时间戳转时间字符串

时间戳是指格林尼治时间 1970 年 01 月 01 日 00 时 00 分 00 秒(北京时间 1970 年 01 月 01 日 08 时 00 分 00 秒)起至现在的总秒数,在 Go 语言中通过 Unix()方法可以获取秒级别的时间戳,也可以获取毫秒级别、纳秒级别的时间戳。

使用 time.Unix()函数可以将时间戳转换为时间对象,该函数接收两个参数,第 1 个参数是秒,第 2 个参数是纳秒,如果只是转换秒级别的时间戳,则直接给第 1 个参数传递,第 2 个参数为 0 即可,纳秒的时间戳传递给第 2 个参数即可,毫秒级别的时间戳则要通过数学运算,先除以 1000 得到商作为秒,余数作为纳秒,代码如下:

```
//unit19/time/3.时间戳.go
package main
```

```go
import (
    "fmt"
    "time"
)

func main() {
    now := time.Now()

    //获取时间戳,秒级别
    fmt.Println(now.Unix())

    //获取时间戳,毫秒级别
    fmt.Println(now.UnixMilli())

    //获取时间戳,纳秒级别
    fmt.Println(now.UnixNano())

    //根据时间戳转换为日期 秒级别
    fmt.Println(time.Unix(1718266479, 0).Format("2006-01-02 15:04:05"))

    //根据时间戳转换为日期 毫秒级别
    milliseconds := 1718266479232
    seconds := int64(milliseconds / 1000)
    nanoseconds := int64((milliseconds % 1000) * 1000000)

    fmt.Println(time.Unix(seconds, nanoseconds).Format("2006-01-02 15:04:05"))

    //根据时间戳转换为日期 纳秒级别
    fmt.Println(time.Unix(0, 1718266479232241900).Format("2006-01-02 15:04:05"))
}
```

### 4. 时间字符串转时间戳

使用 time.Parse()函数,将时间字符串按照时间模板转换为时间对象,代码如下:

```go
//unit19/time/4.日期转时间戳.go
package main

import (
    "fmt"
    "time"
)

func main() {
    var a = "2024-06-13 15:38:04"
    var layOut = "2006-01-02 15:04:05"
    t, err := time.Parse(layOut, a)
    if err != nil {
        //如果转换失败,则 err 不为 nil
        fmt.Println(err)
```

```
            return
    }
    fmt.Println(t)                          //时间对象
    fmt.Println(t.Unix())                   //时间戳
}
```

## 5. 时间间隔

time.Duration 是 time 包定义的一种类型,它代表两个时间点之间经过的时间,以纳秒为单位,定义如下:

```
const (
    Nanosecond Duration = 1                     //纳秒
    Microsecond         = 1000 * Nanosecond     //微妙
    Millisecond         = 1000 * Microsecond    //毫秒
    Second              = 1000 * Millisecond    //秒
    Minute              = 60 * Second           //分钟
    Hour                = 60 * Minute           //小时
)
```

在 Go 语言中,很多地方会用到时间间隔,例如 Sleep 延时,代码如下:

```
//unit19/time/5.时间间隔.go
package main

import (
    "fmt"
    "time"
)

func main() {

    now := time.Now()
    fmt.Println(now.Format("2006 - 01 - 02 15:04:05"))

    //延时 2s
    time.Sleep(2 * time.Second)

    //在当前时间上 + 1 天
    fmt.Println(now.Add(24 * time.Hour).Format("2006 - 01 - 02 15:04:05"))
}
```

## 6. 时间操作函数

使用 Add()方法在一个时间对象上增加一个时间间隔,这个间隔也可以是负数,代码如下:

```
//在当前时间 + 5h
fmt.Println(time.Now().Add(5 * time.Hour))
//在当前时间 - 1 天
fmt.Println(time.Now().Add( - 24 * time.Hour))
```

针对日期的加减,直接使用 AddDate()方法更简洁,代码如下:

```
//在当前时间 + 1 天
fmt.Println(time.Now().AddDate(0, 0, 1))
//七天前
fmt.Println(time.Now().AddDate(0, 0, -7))
//一个月前
fmt.Println(time.Now().AddDate(0, -1, 0))
```

使用 Sub()方法,可以得到两个时间的差值,代码如下:

```
t1 := time.Now()
time.Sleep(1 * time.Second)
t2 := time.Now()

//时间差
fmt.Println(t2.Sub(t1))
```

如果需要计算程序的耗时,则可以直接使用 time.Since()函数,代码如下:

```
startTime := time.Now()
time.Sleep(1 * time.Second)
fmt.Println(time.Since(startTime))
```

7min

## 19.1.2　数学

Go 语言的标准库 math 提供了一系列基础数学函数和常量,用于进行科学计算、几何计算和其他数学相关的操作。

### 1. 随机数

虽然 math 包本身不直接提供随机数生成器,但 math/rand 子包提供了生成伪随机数的功能,使用 rand.Intn(n)函数可以生成一个 $0\sim n$ 范围内的随机整数,代码如下:

```
//设置纳秒的时间为随机数种子
//如果不设置种子,则每次运行程序,结果都是一样的
rand.Seed(time.Now().UnixNano())

fmt.Println(rand.Intn(1))
fmt.Println(rand.Intn(100))
fmt.Println(rand.Intn(10000))
```

基于此方法,可以实现很多随机数操作,例如随机生成字母、随机生成姓名,代码如下:

```
//unit19/math/2.随机生成名字.go
package main

import (
    "fmt"
```

```
    "math/rand"
)

func getRandName() string {
    //名字 由姓和名组成
    //姓 随机选择
    var xin = []string{"赵", "钱", "孙", "李", "周", "吴", "郑", "王"}

    //名 随机选择
    var min = []string{"伟", "芳", "娜", "秀英", "敏", "静", "丽", "强"}

    //随机生成名字
    //随机选择一个姓
    xing := xin[rand.Intn(len(xin))]
    //随机选择一个名
    ming := min[rand.Intn(len(min))]

    return xing + ming
}

func main() {

    for i := 0; i < 10; i++{
        fmt.Println(getRandName())
    }
}
```

## 2. 浮点数操作

绝对值,代码如下:

```
fmt.Println(math.Abs(-0.25))            //0.25
fmt.Println(math.Abs(-1.23))            //1.23
```

向上取整、向下取整、四舍五入,代码如下:

```
//unit19/math/3.数学运算.go
package main

import (
    "fmt"
    "math"
)

func main() {
    //四舍五入
    fmt.Println(math.Round(0.5))        //1
    fmt.Println(math.Round(0.4))        //0
    fmt.Println(math.Round(0.6))        //1
    fmt.Println(math.Round(1.55))       //2
```

```
    //向上取整
    fmt.Println(math.Ceil(0.2))              //1
    fmt.Println(math.Ceil(1.1))              //2
    fmt.Println(math.Ceil(2.01))             //3
    fmt.Println(math.Ceil(0.9))              //1

    //向下取整
    fmt.Println(math.Floor(1.9))             //1
    fmt.Println(math.Floor(2.01))            //2
    fmt.Println(math.Floor(3.99999))         //3
}
```

▶ 4min

## 19.1.3 日志

Go 语言的 log 包提供了简单灵活的日志功能,用于记录程序运行时的信息。

### 1. 日志方法

常用的日志输出方式是使用标准库中的 log 包。这个包提供了基本的日志功能,允许输出不同级别的日志信息。

常用的方法有 Print 系列、Fatal 系列和 Panic 系列。

1) Print 系列

这一系列方法用于打印一般的日志信息,不会中断程序的执行。

2) Fatal 系列

这一系列方法用于打印严重错误信息,并调用 os.Exit(1)终止程序的执行。

3) Panic 系列

这一系列方法用于打印严重错误信息,并调用 panic 函数引发 panic。

代码如下:

```
//unit19/log/1.日志方法.go
package main

import "log"

func main() {
    log.Println("这是日志")                    //2024/06/13 17:31:42 这是日志
    log.Print("这是")                          //2024/06/13 17:31:42 这是
    log.Print("日志")                          //2024/06/13 17:31:42 日志
    log.Printf("这是带%s的日志", "格式")        //2024/06/13 17:31:42 这是带格式的日志

    //log.Panicln("错误")
    log.Fatalln("错误")
}
```

### 2. 定制日志输出格式

通过 log.SetFlags()函数和 log.SetPrefix()函数可以定制日志的输出格式,代码如下:

```
//unit19/log/2.输出格式.go
package main

import "log"

func main() {
    log.SetFlags(log.Lshortfile | log.Ldate | log.Ltime)   //添加日期和时间信息和文件路径
    log.SetPrefix("[MyApp]")                                //添加前缀
    log.Println("Customized log message.")                  //[MyApp] 2024/06/14 17:09:17 2.
输出格式.go:9: Customized log message.
}
```

### 3. 输出到文件

使用 log.SetOutput()可以将日志输出到文件,代码如下:

```
//unit19/log/3.输出到文件.go
package main

import (
    "log"
    "os"
)

func main() {
    file, err : = os.Create("log.txt")
    if err != nil {
            log.Fatal("Unable to create log file:", err)
    }
    defer file.Close()

    log.SetOutput(file)
    log.Println("Log message written to file.")
}
```

运行程序,日志将会输出到日志文件中,控制台将不会显示任何日志。

可以使用 io.MultiWriter()函数将日志输出到文件和控制台中,代码如下:

```
//unit19/log/4.同时输出到文件和控制台.go
package main

import (
    "io"
    "log"
    "os"
)

func main() {
    file, err : = os.Create("log.txt")
    if err != nil {
```

```
            log.Fatal("Unable to create log file:", err)
        }
        defer file.Close()

        log.SetOutput(io.MultiWriter(os.Stdout, file))
        log.Println("Log message written to file.")
}
```

10min

## 19.1.4　上下文

在 Go 语言 1.7 版本中,标准库引入了 Context,中文名为上下文,这是一个跨 API 和进程的接口,用来传递截止日期、取消信号和请求范围的值。

context.Context 的定义如下:

```
type Context interface {
    Deadline() (deadline time.Time, ok bool)
    Done() <- chan struct{}
    Err() error
    Value(key interface{}) interface{}
}
```

Deadline()返回一个完成工作的截止时间,表示上下文应该被取消的时间。如果 ok false,则表示没有设置截止时间。

Done()返回一个 Channel,这个 Channel 会在当前工作完成时被关闭,表示上下文应该被取消。如果无法取消此上下文,则 Done 可能返回 nil。多次调用 Done 方法会返回同一个 Channel。

Err()返回 Context 结束的原因,它只会在 Done 方法对应的 Channel 关闭时返回非空值。如果 Context 被取消,则会返回 context.Canceled 错误;如果 Context 超时,则会返回 context.DeadlineExceeded 错误。

Value()从 Context 中获取键对应的值。如果未设置 key 对应的值,则返回 nil。以相同的 key 多次调用会返回相同的结果。

另外,context 包中提供了两个创建空 Context 的函数:

```
//TODO 返回一个非 nil 但空的上下文
//当不清楚要使用哪种上下文或无可用上下文时应使用 context.TODO
func TODO() Context

//Background 返回一个非 nil 但空的上下文
//它不会被取消,没有值,也没有截止时间。它通常由 main 函数、初始化和测试使用,并作为处理请
//求的顶级上下文
func Background() Context
```

还有 4 个基于父级创建不同类型 Context 的函数:

```
//WithCancel 基于父级创建一个具有 Done channel 的 context
func WithCancel(parent Context) (Context, CancelFunc)

//WithDeadline 基于父级创建一个不晚于 d 结束的 context
func WithDeadline(parent Context, d time.Time) (Context, CancelFunc)

//WithTimeout 等同于 WithDeadline(parent, time.Now().Add(timeout))
func WithTimeout(parent Context, timeout time.Duration) (Context, CancelFunc)

//WithValue 基于父级创建一个包含指定 key 和 value 的 context
func WithValue(parent Context, key, val interface{}) Context
```

### 1. 为什么要有 Context

在 Go 的服务里,通常每来一个请求都会启动若干个协程同时工作:有些执行业务逻辑,有些去数据库获取数据,有些调用下游接口获取相关数据等,如图 19-1 所示。

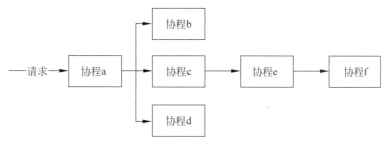

**图 19-1　协程生万物**

协程 a 生协程 b、协程 c、协程 d,协程 c 生协程 e,协程 e 生协程 f。父协程与子孙协程之间是关联在一起的,它们需要共享请求的相关信息,例如用户登录态、请求超时时间等。如何将这些协程联系在一起,context 应运而生。

以超时为例,当请求被取消或处理时间太长时,这有可能是使用者关闭了浏览器或已经超过了请求方规定的超时时间,请求方直接放弃了这次请求结果。此时所有正在为这个请求工作的协程都需要快速退出,因为它们的"工作成果"不再被需要了。在相关联的协程都退出后,系统就可以回收相关资源了。

总体来讲,Context 的作用是为了在一组协程间传递上下文信息以达到对它们进行管理和控制。

### 2. 使用 Context 传递数据

使用 context.WithValue()函数给 context 设置一组 key-value,通过 ctx.Value()方法获取 context 中的值,代码如下:

```
//unit19/context/1.数据传递.go
package main

import (
```

```
    "context"
    "fmt"
)

func log(ctx context.Context) {
    //获取数据
    name : = ctx.Value("name")
    fmt.Println(name)              //张三
}

func main() {
    ctx : = context.Background()
    //使用 WithValue 设置数据会返回一个新的 ctx
    ctx = context.WithValue(ctx, "name", "张三")
    //传递多个
    ctx = context.WithValue(ctx, "age", 123)
    log(ctx)
}
```

### 3. 取消协程

Context 的作用是为了在一组协程间传递上下文信息,其中便包括取消信号。取消信号可用于通知相关的协程终止执行,避免无效操作。

设想一个场景:打开外卖的订单页,地图上显示外卖小哥的位置,而且是每秒更新 1 次。客户端向后台发起 WebSocket 连接请求后,后台启动一个协程,每隔 1s 计算 1 次外卖小哥的位置,并发送给客户端。如果用户退出此页面,则后台需要"取消"此过程,退出协程系统回收资源。

后端可能的实现如下:

```
func Perform() {
    for {
        calculatePos()
        sendResult()
        time.Sleep(time.Second)
    }
}
```

如果需要实现"取消"功能,并且在不了解 Context 功能的前提下,则可能会这样做:给函数增加一个指针型 bool 变量,在 for 语句的开始处判断 bool 变量是否由 true 变为 false,如果改变,则退出循环,代码如下:

```
//unit19/context/2.取消协程 - 简单版.go
package main

import (
    "fmt"
    "time"
```

```
)
func calculatePos() {
    fmt.Println("计算位置")
}
func sendResult() {
    fmt.Println("发送数据")
}

var isCancel * bool

func Perform() {
    //如果没有取消就执行
    for * isCancel == false {
            calculatePos()
            sendResult()
            time.Sleep(time.Second)
    }

    fmt.Println("取消了任务")
}
func main() {

    isCancel = new(bool)
    * isCancel = false

    go func() {
            time.Sleep(2 * time.Second)
            * isCancel = true
    }()

    Perform()

}
```

上面给出的简单做法,可以实现想要的效果,但是并不优雅,并且一旦通知的信息多了之后,这个处理逻辑就会臃肿复杂。优雅的做法是使用 Context,代码如下:

```
//unit19/context/3.取消协程-ctx版.go
package main

import (
    "context"
    "fmt"
    "time"
)

func calculatePos() {
    fmt.Println("计算位置")
```

```go
}
func sendResult() {
    fmt.Println("发送数据")
}

func Perform(ctx context.Context) {
    //如果没有取消就执行
    defer fmt.Println("取消了任务")
    for {
            calculatePos()
            sendResult()

            select {
            case <-ctx.Done():
                    //被取消,直接返回
                    return
            case <-time.After(time.Second):
                    //block 1 秒
            }
    }
}

func main() {
    //一小时自动到期,也可以手动取消
    ctx, cancel := context.WithTimeout(context.Background(), time.Hour)
    go func() {
            time.Sleep(2 * time.Second)
            //取消
            cancel()
    }()
    Perform(ctx)
}
```

注意一个细节,WithTimeout()函数返回的 Context 和 CancelFunc 是分开的。Context 本身并没有取消函数,这样做的原因是取消函数只能由外层函数调用,防止子节点 Context 调用取消函数,从而严格控制信息的流向:由父节点 Context 流向子节点 Context。

## 19.2　Go 常用第三方库

第三方库是由独立开发者或组织创建并维护的库,这些库提供了在编程过程中常用的功能、工具或服务。在 Go 编程语言中,第三方库通常以包的形式提供,可以通过导入包来使用其中的函数、结构体和方法。

合理使用第三方库可以减少开发人员重复开发的工作,从而提高开发效率。

### 19.2.1 logrus 日志库

日志是程序中必不可少的一个环节,由于 Go 语言内置的日志库功能比较简洁,所以在实际开发中通常会使用第三方的日志库来进行开发。

#### 1. logrus 介绍

logrus 与标准库 logger 完全 API 兼容。

它主要有以下特点:

(1) 完全兼容标准日志库,拥有 7 种日志级别:Trace、Debug、Info、Warning、Error、Fatal、Panic。

(2) 可扩展的 Hook 机制,允许使用者通过 Hook 的方式将日志分发到任意地方,如本地文件系统、logstash、elasticsearch 或者 mq 等,或者通过 Hook 定义日志内容和格式等。

(3) 可选的日志输出格式,内置了两种日志格式 JSONFormater 和 TextFormatter,还可以自定义日志格式。

(4) Field 机制,通过 Filed 机制进行结构化的日志记录。

(5) 线程安全。

#### 2. 安装 logrus

在项目根目录执行,命令如下:

```
go get github.com/sirupsen/logrus
```

#### 3. logrus 基本使用

直接使用 logrus 包中的方法,可以用不同的日志等级,代码如下:

```
//unit19/logrus/1.基本使用.go
package main

import "github.com/sirupsen/logrus"

func main() {
    logrus.Debug("这是 Debug 日志")
    logrus.Info("这是 Info 日志")
    logrus.Warn("这是 Warning 日志")
    logrus.Error("这是 Error 日志")
    logrus.Fatal("这是 Fatal 日志")
}
```

在默认情况下 Debug 日志是看不到的,需要设置日志输出的等级,代码如下:

```
logrus.SetLevel(logrus.DebugLevel)
```

#### 4. 日志格式化

在默认情况下,日志的输出不太美观,需要调整日志的输出格式,logrus 内置了两种日志格式化程序,一种是 JSONFormatter,常用于日志传输,另一种是 TextFormatter,用于普通日志查看。

JSONFormatter 格式化的代码如下:

```
//unit19/logrus/2.日志格式化 - json.go
package main

import (
    "github.com/sirupsen/logrus"
)

func main() {
    logrus.SetFormatter(&logrus.jsonFormatter{
            TimestampFormat: "2006 - 01 - 02 15:04:05",            //时间格式化
    })
    //设置一些通用字段
    log := logrus.WithField("serviceName", "userService")
    //基于此实例,就可以显示一些通用字段
    log.Info(" info 日志") //{" level":" info"," msg":" info 日志"," serviceName":
"userService","time":"2024 - 06 - 14 21:45:44"}
}
```

JSON 格式的日志一般用于服务间传输,例如在微服务背景下,用户服务产生的日志按照 JSON 格式上送到统一的日志中心,日志中心先通过 JSON 解析各个字段,然后统一记录。

普通的文本输出一般用于控制台打印,通常情况下需要根据日志等级显示不同的颜色,如图 19-2 所示。

图 19-2　日志输出带颜色

如果需要实现此功能,则需要自定义日志的 Format()方法,代码如下:

```
//unit19/logrus/3.日志格式化 - text.go
package main

import (
    "bytes"
    "fmt"
    "github.com/sirupsen/logrus"
    "path"
)

//颜色
const (
    red = 31
```

```
    yellow = 33
    blue = 36
    gray = 37
)

type LogFormatter struct{}

//Format 实现 Formatter(entry * logrus.Entry) ([]byte, error)接口
func (t * LogFormatter) Format(entry * logrus.Entry) ([]byte, error) {
    //根据不同的等级去展示颜色
    var levelColor int
    switch entry.Level {
    case logrus.DebugLevel, logrus.TraceLevel:
            levelColor = gray
    case logrus.WarnLevel:
            levelColor = yellow
    case logrus.ErrorLevel, logrus.FatalLevel, logrus.PanicLevel:
            levelColor = red
    default:
            levelColor = blue
    }
    var b * bytes.Buffer
    if entry.Buffer != nil {
            b = entry.Buffer
    } else {
            b = &bytes.Buffer{}
    }
    //自定义日期格式
    timestamp := entry.Time.Format("2006 - 01 - 02 15:04:05")
    if entry.HasCaller() {
            //自定义文件路径
            funcVal := entry.Caller.Function
            fileVal := fmt.Sprintf("%s:%d", path.Base(entry.Caller.File), entry.Caller.Line)
            //自定义输出格式
            fmt.Fprintf(b, "[%s] \x1b[%dm[%s]\x1b[0m %s %s %s\n", timestamp,
levelColor, entry.Level, fileVal, funcVal, entry.Message)
    } else {
            fmt.Fprintf(b, "[%s] \x1b[%dm[%s]\x1b[0m %s\n", timestamp, levelColor,
entry.Level, entry.Message)
    }
    return b.Bytes(), nil
}

func main() {
    logrus.SetFormatter(&LogFormatter{})        //设置自己定义的 Formatter
    logrus.SetReportCaller(true)                //显示函数名和行号

    logrus.Info("info 日志")
    logrus.Warn("warn 日志")
```

```
        logrus.Error("error 日志")

}
```

### 5. 日志对象

基于 logrus 做的操作都是针对 logrus 全局的,很多时候需要每个服务都有一个单独的日志对象,使用 logrus.New()函数即可创建一个全新的 logrus 对象,代码如下:

```
//unit19/logrus/4.logrus 对象.go
package main

import (
    "github.com/sirupsen/logrus"
)

func User() {
    //假设这是 user 服务
    logger := logrus.New()
    logger.SetFormatter(&logrus.jsonFormatter{})
    log := logger.WithField("serviceName", "user")

    log.Info("这是用户服务的日志")
    log.Warn("这是用户服务的 Warning 日志")

}

func Video() {
    //假设这是 video 服务
    logger := logrus.New()
    logger.SetFormatter(&logrus.jsonFormatter{})
    log := logger.WithField("serviceName", "video")

    log.Info("这是视频服务的日志")
    log.Warn("这是视频服务的 Warning 日志")
}

func main() {
    User()
    Video()
}
```

### 6. 日志钩子

可以使用 log.SetOutput()函数将日志输出到日志文件中,但是每时每刻的日志都在一个文件中,似乎不太优雅,其一是查看日志不太方便,其二是日志文件容易过大。针对这两种情况,可以使用 logrus 中的 Hooks(钩子)机制,简单来说就是在日志写入时会执行开发者预定义的一些钩子函数。

例如将日志写入文件,并且日志的文件名按照年、月、日的格式创建,代码如下:

```go
//unit19/logrus/6.日志按照年月日创建.go
package main

import (
    "fmt"
    "github.com/sirupsen/logrus"
    "os"
    "time"
)

type FileDateHook struct {
    file     *os.File
    logPath  string
    fileDate string              //判断日期切换目录
}

//Levels 哪些日志可以使用 hooks
func (hook FileDateHook) Levels() []logrus.Level {
    return logrus.AllLevels
}

//Fire 每次调用日志都会使用这种方法
func (hook FileDateHook) Fire(entry *logrus.Entry) error {
    timer := entry.Time.Format("2006-01-02_15-04")
    //判断记录的时间是不是现在的时间,如果是,就不用创建文件了,如果不是,就创建文件
    line, _ := entry.String()
    if hook.fileDate == timer {
            hook.file.Write([]byte(line))
            return nil
    }
    //把上一个文件关闭
    hook.file.Close()

    //创建一个新的日志文件
    filename := fmt.Sprintf("%s/%s.log", hook.logPath, timer)
    hook.file, _ = os.OpenFile(filename, os.O_WRONLY|os.O_APPEND|os.O_CREATE, 0600)
    hook.fileDate = timer
    hook.file.Write([]byte(line))
    return nil
}

//InitLog 初始化日志
func InitLog(logPath string) {
    //先获取当前时间,这里定位到分钟是为了方便观察效果,后续可以改成 2006-01-02
    fileDate := time.Now().Format("2006-01-02_15-04")
    //创建目录
    err := os.MkdirAll(logPath, os.ModePerm)
    if err != nil {
            logrus.Error(err)
```

```
                return
        }

        filename := fmt.Sprintf("%s/%s.log", logPath, fileDate)
        file, err := os.OpenFile(filename, os.O_WRONLY|os.O_APPEND|os.O_CREATE, 0600)
        if err != nil {
                logrus.Error(err)
                return
        }
        fileHook := FileDateHook{file, logPath, fileDate}
        logrus.AddHook(&fileHook)
}

func main() {
        //存放日志的目录,如果不存在,则会创建
        InitLog("logs")

        for {
                logrus.Errorf("error")
                time.Sleep(20 * time.Second)
                logrus.Warnln("warnning")
        }

}
```

▶ 3min

### 19.2.2　gin

gin 是一个快速而简单的 HTTP 框架,用于构建 Web 应用程序和 API。它提供了路由、中间件、错误处理等功能,可以快速地搭建和开发 Web 服务。

#### 1. 安装 gin

在项目的根目录下执行的命令如下:

```
go get github.com/gin-gonic/gin
```

#### 2. 编写 Web 服务

使用 gin 编写 Web 服务是非常方便的,代码如下:

```
//unit19/gin/1.Web服务.go
package main

import "github.com/gin-gonic/gin"

func main() {

        //创建实例
        r := gin.Default()
```

```
    //绑定路由
    r.GET("/", func(c * gin.Context) {
            c.String(200, "hello world")
    })

    //绑定端口
    r.Run(":8080")

}
```

### 3. 中间件

中间件指的是在处理网络请求的过程中对请求与响应的处理逻辑进行拦截和重写的插件。在 Go 语言中,中间件通常使用函数类型来实现。Gin 框架的中间件,则是通过将这些函数作为形参传递给处理请求和响应的函数来实现。

Gin 框架的中间件机制非常简单,只需将中间件作为函数类型传递给处理请求和响应的函数,例如编写一个验证用户是否传递 token 参数的中间件,代码如下:

```
//unit19/gin/2.中间件.go
package main

import (
    "github.com/gin - gonic/gin"
)

func Auth() gin.HandlerFunc {
    return func(c * gin.Context) {
            token := c.Request.url.Query().Get("token")     //业务一般在请求头中,这里是
//为了方便测试
            if token == "" {
                    c.Abort()
                    c.json(200, gin.H{"code": 7, "msg": "认证失败"})
                    return
            }
    }
}

func main() {
    //创建实例
    r := gin.Default()

    //使用中间件
    r.Use(Auth())

    //绑定路由
    r.GET("/", func(c * gin.Context) {
        c.String(200, "hello world")
    })
```

```
    //绑定端口
    r.Run(":8080")
}
```

11min

## 19.2.3　定时任务

定时任务是指按照预定的时间间隔或特定时间点自动执行的任务。这些任务通常用于自动化重复性的工作,以减轻人工操作的负担,提高效率。在计算机编程和应用程序开发中,定时任务是一种常见的编程模式,用于周期性地执行某些操作、处理数据或触发事件。

### 1. Cron 表达式

编写一个定时任务,需要知道这个任务什么时候执行,执行多少次,可以使用 Cron 表达式快速完成,例如表达式"0 0 12 15 * ?"表示每个月的第 15 天 12 点,"0 0/3 * * * ?"表示每小时的第 0 分 0 秒开始,每 3 分钟触发一次。

Cron 时间表达式一般由 6 个字符组成,也有 5 个字符的,不同的位数表示不同的含义,语法如下:

```
* * 1 * * *
秒 分 小时 日 月 周

* 1 * * *
分 小时 日 月 周
```

重点解释一下 Cron 表达式中的特殊字符。

(1) *:代表任意值;* 在分钟字段,表示每分钟。

(2) /:用来指定时间间隔,*/15 在分钟字段,表示每隔 15min。

(3) ,:列出多个离散值,1,15 在天字段,表示每月 1 号和 15 号。

(4) -:定义某个范围,9-17 在小时字段,表示上午 9 点到下午 5 点,两边都是闭区间。

(5) ?:表示无特定值。在 Cron 中,如果天数与星期的指定会互斥。

示例如下:

```
*/5 * * * * ? 每隔 5s
0 */2 * * * ? 每隔 2min
0 0 2 * * ? 每天 2 点
0 30 2 * * 1 每周一的 2 点 30
0 30 2 * ? * 1,3 每周一,周三的 2 点 30
0 15,30,45 * * ? 每天每小时的 15 分、30 分、45 分
```

### 2. 安装 gocron

gocron 是一个用于在 Go 语言中创建和管理定时任务的第三方库。它提供了一种方便的方式来定义和调度重复性任务。

在项目的根目录下执行,命令如下:

```
go get github.com/robfig/cron/v3
```

### 3. Cron 的使用

Cron 默认为五位时间模式,可以通过 cron.WithSeconds() 函数设置为六位时间模式,代码如下:

```go
//unit19/gocron/1.定时任务.go
package main

import (
    "fmt"
    "github.com/robfig/cron/v3"
    "time"
)

func main() {
    Cron := cron.New(cron.WithSeconds())

    _, err := Cron.AddFunc("* * * * * *", func() {
        fmt.Println("每秒执行一次", time.Now().Format("2006-01-02 15:04:05"))
    })
    fmt.Println(err)

    //启动定时任务
    Cron.Start()

    Cron1 := cron.New()

    //每分钟执行一次
    _, err = Cron1.AddFunc("* * * * *", func() {
        fmt.Println("每分钟执行一次", time.Now().Format("2006-01-02 15:04:05"))
    })
    fmt.Println(err)

    Cron1.Start()

    //让主线程阻塞
    select {}
}
```

使用 cron.New() 函数得到一个全新的定时器对象,调用定时器对象的 AddFunc() 方法,此方法的第 1 个参数是时间表达式,第 2 个参数是回调函数,设置完成之后调用 Start() 方法即可开启定时任务。

除了可以使用 AddFunc() 方法,还可以使用 AddJob() 方法,此方法接收一个实现 Run() 方

法的 Job 接口,使用此方法可以更灵活地配置定时器,代码如下:

```go
//unit19/gocron/2.定时任务 Job.go
package main

import (
    "fmt"
    "github.com/robfig/cron/v3"
    "time"
)

type Job struct {
    Name string
    Info string
}

func (j Job) Run() {
    fmt.Println("每 2s 执行一次", time.Now().Format("2006 - 01 - 02 15:04:05"))
    fmt.Printf("传递的一些信息 name: % s info: % s\n", j.Name, j.Info)
}

func main() {
    Cron : = cron.New(cron.WithSeconds())

    job : = Job{
            Name: "fengfeng",
            Info: "info",
    }
    _, err : = Cron.AddJob(" * /2 *  *  *  *  *", job)
    fmt.Println(err)

    //启动定时任务
    Cron.Start()
    select {}
}
```

### 4. 停止任务

调用 AddFunc()和 AddJob()方法,第 1 个返回值是任务的 id,基于此任务 id,可以手动执行任务,也可以移除任务,代码如下:

```go
//unit19/gocron/3.停止任务.go
package main

import (
    "fmt"
    "github.com/robfig/cron/v3"
    "log"
    "time"
)
```

```
func main() {
    Cron : = cron.New(cron.WithSeconds())

    entryID, err : = Cron.AddFunc(" * /2 * * * * *", func() {
            fmt.Println("每 2s 执行一次", time.Now().Format("2006 - 01 - 02 15:04:05"))
    })
    if err != nil {
            log.Fatalf("定时任务配置错误 % s", err)
    }

    fmt.Println("定时任务 ID:", entryID)

    go func() {
            //等待 5s 后手动执行任务
            time.Sleep(5 * time.Second)
            //手动执行任务
            Cron.Entry(entryID).Job.Run()
            fmt.Println("手动执行任务")
            //再等 5s 移除任务
            time.Sleep(5 * time.Second)
            Cron.Remove(entryID)
            fmt.Println("定时任务移除成功")
    }()

    //启动定时任务
    Cron.Start()

    select {}
}
```

---

**注意**：任务移除之后就不能再手动执行任务了，否则会引发 panic 错误。

---

# 图 书 推 荐

| 书　　名 | 作　　者 |
|---|---|
| 仓颉语言实战（微课视频版） | 张磊 |
| 仓颉语言核心编程——入门、进阶与实战 | 徐礼文 |
| 仓颉语言程序设计 | 董昱 |
| 仓颉程序设计语言 | 刘安战 |
| 仓颉语言元编程 | 张磊 |
| 仓颉语言极速入门——UI 全场景实战 | 张云波 |
| HarmonyOS 移动应用开发（ArkTS 版） | 刘安战、余雨萍、陈争艳 等 |
| 公有云安全实践（AWS 版·微课视频版） | 陈涛、陈庭暄 |
| 虚拟化 KVM 极速入门 | 陈涛 |
| 虚拟化 KVM 进阶实践 | 陈涛 |
| 移动 GIS 开发与应用——基于 ArcGIS Maps SDK for Kotlin | 董昱 |
| Vue＋Spring Boot 前后端分离开发实战（第 2 版·微课视频版） | 贾志杰 |
| 前端工程化——体系架构与基础建设（微课视频版） | 李恒谦 |
| TypeScript 框架开发实践（微课视频版） | 曾振中 |
| 精讲 MySQL 复杂查询 | 张方兴 |
| Kubernetes API Server 源码分析与扩展开发（微课视频版） | 张海龙 |
| 编译器之旅——打造自己的编程语言（微课视频版） | 于东亮 |
| 全栈接口自动化测试实践 | 胡胜强、单镜石、李睿 |
| Spring Boot＋Vue.js＋uni-app 全栈开发 | 夏运虎、姚晓峰 |
| Selenium 3 自动化测试——从 Python 基础到框架封装实战（微课视频版） | 栗任龙 |
| Unity 编辑器开发与拓展 | 张寿昆 |
| 跟我一起学 uni-app——从零基础到项目上线（微课视频版） | 陈斯佳 |
| Python Streamlit 从入门到实战——快速构建机器学习和数据科学 Web 应用（微课视频版） | 王鑫 |
| Java 项目实战——深入理解大型互联网企业通用技术（基础篇） | 廖志伟 |
| Java 项目实战——深入理解大型互联网企业通用技术（进阶篇） | 廖志伟 |
| 深度探索 Vue.js——原理剖析与实战应用 | 张云鹏 |
| 前端三剑客——HTML5＋CSS3＋JavaScript 从入门到实战 | 贾志杰 |
| 剑指大前端全栈工程师 | 贾志杰、史广、赵东彦 |
| JavaScript 修炼之路 | 张云鹏、戚爱斌 |
| Flink 原理深入与编程实战——Scala＋Java（微课视频版） | 辛立伟 |
| Spark 原理深入与编程实战（微课视频版） | 辛立伟、张帆、张会娟 |
| PySpark 原理深入与编程实战（微课视频版） | 辛立伟、辛雨桐 |
| HarmonyOS 原子化服务卡片原理与实战 | 李洋 |
| 鸿蒙应用程序开发 | 董昱 |
| HarmonyOS App 开发从 0 到 1 | 张诏添、李凯杰 |
| Android Runtime 源码解析 | 史宁宁 |
| 恶意代码逆向分析基础详解 | 刘晓阳 |
| 网络攻防中的匿名链路设计与实现 | 杨昌家 |
| 深度探索 Go 语言——对象模型与 runtime 的原理、特性及应用 | 封幼林 |
| 深入理解 Go 语言 | 刘丹冰 |
| Spring Boot 3.0 开发实战 | 李西明、陈立为 |

| 书　　名 | 作　　者 |
|---|---|
| 全解深度学习——九大核心算法 | 于浩文 |
| HuggingFace 自然语言处理详解——基于 BERT 中文模型的任务实战 | 李福林 |
| 动手学推荐系统——基于 PyTorch 的算法实现(微课视频版) | 於方仁 |
| 深度学习——从零基础快速入门到项目实践 | 文青山 |
| LangChain 与新时代生产力——AI 应用开发之路 | 陆梦阳、朱剑、孙罗庚 等 |
| 图像识别——深度学习模型理论与实战 | 于浩文 |
| 编程改变生活——用 PySide6/PyQt6 创建 GUI 程序(基础篇·微课视频版) | 邢世通 |
| 编程改变生活——用 PySide6/PyQt6 创建 GUI 程序(进阶篇·微课视频版) | 邢世通 |
| 编程改变生活——用 Python 提升你的能力(基础篇·微课视频版) | 邢世通 |
| 编程改变生活——用 Python 提升你的能力(进阶篇·微课视频版) | 邢世通 |
| Python 量化交易实战——使用 vn.py 构建交易系统 | 欧阳鹏程 |
| Python 从入门到全栈开发 | 钱超 |
| Python 全栈开发——基础入门 | 夏正东 |
| Python 全栈开发——高阶编程 | 夏正东 |
| Python 全栈开发——数据分析 | 夏正东 |
| Python 编程与科学计算(微课视频版) | 李志远、黄化人、姚明菊 等 |
| Python 数据分析实战——从 Excel 轻松入门 Pandas | 曾贤志 |
| Python 概率统计 | 李爽 |
| Python 数据分析从 0 到 1 | 邓立文、俞心宇、牛瑶 |
| Python 游戏编程项目开发实战 | 李志远 |
| Java 多线程并发体系实战(微课视频版) | 刘宁萌 |
| 从数据科学看懂数字化转型——数据如何改变世界 | 刘通 |
| Dart 语言实战——基于 Flutter 框架的程序开发(第 2 版) | 亢少军 |
| Dart 语言实战——基于 Angular 框架的 Web 开发 | 刘仕文 |
| FFmpeg 入门详解——音视频原理及应用 | 梅会东 |
| FFmpeg 入门详解——SDK 二次开发与直播美颜原理及应用 | 梅会东 |
| FFmpeg 入门详解——流媒体直播原理及应用 | 梅会东 |
| FFmpeg 入门详解——命令行与音视频特效原理及应用 | 梅会东 |
| FFmpeg 入门详解——音视频流媒体播放器原理及应用 | 梅会东 |
| FFmpeg 入门详解——视频监控与 ONVIF+GB28181 原理及应用 | 梅会东 |
| 仓颉 TensorBoost 学习之旅——人工智能与深度学习实战 | 董昱 |
| Pandas 通关实战 | 黄福星 |
| 深入浅出 Power Query M 语言 | 黄福星 |
| 深入浅出 DAX——Excel Power Pivot 和 Power BI 高效数据分析 | 黄福星 |
| 从 Excel 到 Python 数据分析：Pandas、xlwings、openpyxl、Matplotlib 的交互与应用 | 黄福星 |
| 云原生开发实践 | 高尚衡 |
| 云计算管理配置与实战 | 杨昌家 |
| HarmonyOS 从入门到精通 40 例 | 戈帅 |
| OpenHarmony 轻量系统从入门到精通 50 例 | 戈帅 |
| AR Foundation 增强现实开发实战(ARKit 版) | 汪祥春 |
| AR Foundation 增强现实开发实战(ARCore 版) | 汪祥春 |